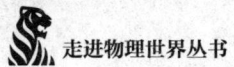走进物理世界丛书

生活中的热学

本书编写组 ◎编

ZOUJIN WULI SHIJIE
CONGSHU

SHENGHUO ZHONGDE REXUE

这是一本以物理知识为题材的科普读物,内容新颖独特、描述精彩,以图文并茂的形式展现给读者,以激发他们学习物理的兴趣和愿望。

世界图书出版公司
广州·北京·上海·西安

图书在版编目（CIP）数据

生活中的热学/《生活中的热学》编写组编. —广州：广东世界图书出版公司，2010.4（2024.2重印）
ISBN 978-7-5100-2035-3

Ⅰ.①生… Ⅱ.①生… Ⅲ.①热学-青少年读物
Ⅳ.①O551-49

中国版本图书馆 CIP 数据核字（2010）第 049974 号

书　　名	生活中的热学 SHENGHUOZHONG DE REXUE
编　　者	《生活中的热学》编写组
责任编辑	柯绵丽
装帧设计	三棵树设计工作组
出版发行	世界图书出版有限公司　世界图书出版广东有限公司
地　　址	广州市海珠区新港西路大江冲 25 号
邮　　编	510300
电　　话	020-84452179
网　　址	http://www.gdst.com.cn
邮　　箱	wpc_gdst@163.com
经　　销	新华书店
印　　刷	唐山富达印务有限公司
开　　本	787mm×1092mm　1/16
印　　张	10
字　　数	120 千字
版　　次	2010 年 4 月第 1 版　2024 年 2 月第 11 次印刷
国际书号	ISBN　978-7-5100-2035-3
定　　价	48.00 元

版权所有　翻印必究

（如有印装错误，请与出版社联系）

前 言
PREFACE

热学是一门研究物质处于热状态时的性质、运动规律以及热运动同其他运动形式之间转化规律的学科，它是人类为研究物质世界而最早建立的学科之一。在远古时代，人类就注意到了随着季节交替和气候变化而产生的冷暖现象，人类揭秘热学的旅程从此便开始了。

在科技极不发达的古代，热学的发展之路极其曲折，进展也十分缓慢。时间来到18世纪初期，随着水银温度计的出现、温标的问世，热学才走上了实验科学的道路，踏上了坦途。随后，人们开始在生产、生活领域中自由、自觉地应用热学知识，极大地推动了社会生产力的发展，人类文明便也在这种发展中得到了前所未有的提升。

如今，热学已经得到了发展，热学知识也已十分丰富。它的身影在人们的生产、生活当中几乎无所不在。自然界中的春去秋来、风雨雷电、火山喷发等现象的分析与研究离不开热学，如风便是冷热空气对流产生的；人们的衣食住行等一切生活需求也都离不开热学现象的支撑，如人们烹调食物离不开火或其他热源；工农业生产更离不开热学，目前的机械大多依靠化石燃料燃烧来提供动力，即使是看起来和热学关系不大的水力发电也有热学的身影在其中，如保持低温以减少电阻等。

了解热学的发展历程，探秘我们身边的热学现象，对培养广大青少年朋友的科学精神大有裨益。为此，我们组织编写了这本《生活中的热学》。在书中，我们不仅介绍了热学的发展历程，还解密了我们身边经常发生的一些热学现象，让大家在轻松愉悦之中学到科学知识；不仅介绍了热学在生产、生活中的应用，还精心安排了一些有趣的热学小实验，供广大青少年朋友在热学知识的海洋中自己去探索。

由于编者的知识水平有限，书中难免会存在一些错误和纰漏之处，希望广大读者批评指正，以便我们在将来的出版工作中借鉴，并加以改进。

目录

人类探索热学之路

热的本质是物质运动 ……………………………………… 1
热能及其成员 …………………………………………… 8
热力学与分子运动 ……………………………………… 12
热的性质与热传递 ……………………………………… 15
物态变化与热量 ………………………………………… 21
冷热的标尺——温度 …………………………………… 26
量热学的发展之路 ……………………………………… 33
拉普拉斯量热器 ………………………………………… 36
热与机械运动的转换 …………………………………… 38
热力学三定律的确立 …………………………………… 44
宇宙热寂论的歧途 ……………………………………… 50

生活中的热学现象

厄尔尼诺的恶劣影响 …………………………………… 54
城市的"热岛效应" ……………………………………… 58
温室效应及其影响 ……………………………………… 62
"下雪不冷化雪冷" ……………………………………… 64
奇妙的云雾现象 ………………………………………… 67
不同颜色之中的热学 …………………………………… 70
厨房里的热学现象 ……………………………………… 75

从茶杯谈到保温瓶 …… 80
热学现象与保暖 …… 83
电器制热与制冷的奥秘 …… 85
因纽特人"温暖"的冰屋 …… 87
温度高的水先结冰 …… 89
"冻短"的塞纳河大桥 …… 90
神奇的超低温世界 …… 91
有趣的"热释光时钟" …… 94

热能与热学的应用

焊接技术与焊接艺术 …… 96
热在陶瓷工艺中的应用 …… 100
火箭升空的动力之源 …… 104
孔明灯升空的热学原理 …… 109
液晶态和等离子体技术 …… 113
人工制冷技术的应用 …… 116
超导体应用与温度的关系 …… 117
地热能的开发与应用 …… 119
应用前景广阔的太阳能 …… 123
清洁环保的太阳能热水器 …… 125
激光制冷与绝对零度 …… 128
热核聚变与人造太阳 …… 131

有趣的热学小实验

会跳舞的水滴 …… 137
烧不坏的纸杯 …… 138
瞬息结冰的水 …… 139
不会沸腾的水 …… 139
对流的空气 …… 140
被拔高的水位 …… 140

目录

啤酒瓶的妙用 …………………………………… 141
怪脾气的玻璃纸 ………………………………… 142
分层的火焰 ……………………………………… 143
奇特的瓶中喷泉 ………………………………… 144
旋转的纸片 ……………………………………… 145
脱去空气的"隐身衣" …………………………… 146
排除"异己"的冰 ………………………………… 147
糖溶解的速度 …………………………………… 147
有趣的防雾玻璃 ………………………………… 148
神奇的水下火山 ………………………………… 149
灭火的方法 ……………………………………… 150
黏手的铁块 ……………………………………… 151
气垫"大力士" …………………………………… 152

人类探索热学之路

RENLEI TANSUO REXUE ZHILU

考古发现显示，人类在 180 万年前就已开始使用火来加工食物、驱除严寒了。但是热学并没有因为是人类最早开始关注的学科之一而迅速发展。相反，热学的发展之路并不平坦，其间甚至有数次走入了歧途，如长期在热学领域占据统治地位的"热素说"。

这种现象直到 18 世纪初期才得以改变。1714 年，著名物理学家华伦海特改良了水银温度计，制定了华氏温标，建立起了一个温度测量的共同标准，热学从此走上了实验科学的道路。此后，世界各国科学家们经过两百多年的努力，确立了热学三大定律，热学才真正在科学的基础上被确立，人们对热的本质才有了正确的认识。

时至今日，人们虽然在热学领域已经取得了丰硕的成果，但我们应看到任何一门学科的发展都是永无止境的。热学也不例外，它的未来将由广大青少年朋友的努力与否决定。

热的本质是物质运动

热质说与运动说

热学是研究物质处于热状态时的有关性质和规律的物理学分支，它起源于人类对冷热现象的探索。人类生存在季节交替、气候变幻的自然界中,冷热现象是他们最早观察和认识的自然现象之一。

人类在原始时代就学会用火,接触到了热现象。关于热是什么的问题,很早就成为人们探讨的对象,并形成两种截然相反的见解。一种见解是把热看成自然界的特殊物质。我国殷朝时期形成的"五行说",把热(火)看做和金、木、水、土一样的东西,是构成宇宙万物的物质元素。在古希腊产生的物质元素论中,也把热(火)看做是一种独立的物质元素,赫拉克利特认为,世界就是火。

另一种见解是把热看成物质粒子运动的表现,我国古代朴素唯物主义思想家提出的"元气论",就认为热(火)是物质元气聚散变化的表现。在古希腊和古罗马,也有一些学者,特别是原子论者,把冷热看成物质微粒(原子)在虚空中运动的一种表现。卢克莱修就曾经说过,运动可以使一切东西都变得很热,甚至燃烧起来。

不过,在科学不发达的古代,这两种见解都只是直觉的猜测。在漫长的中世纪,热学几乎毫无进展。直到17世纪以后,一些著名科学家根据摩擦生热的现象,恢复了古人关于热是物质粒子的特殊运动的猜测,比如,英国的培根就曾说过,热是一种运动。法国的笛卡尔更把热看成物质粒子的一种旋转运动。当时,牛顿、胡克、罗蒙诺索夫等人都相信和支持热是运动的观点。但是由于没有充分可靠的实验依据,这种正确的观点还没有形成系统的理论,更没有赢得学术界的普遍承认。

到了18世纪,人们对热的本质的认识,奇怪地走上了一条弯曲的道路,复活了古人把热看成特殊物质的错误猜测。英国的布拉克提出了系统的"热质说",又叫做"热素说"。他认为热是一种看不见、没有重量的流质,叫做热质。热质可以渗透在一切物体之中,物体的冷热取决于它所含热质的多少。热质可以从比较热的物体流到比较冷的物体,就像水从高处流向低处一样。自然界存在的热质数量是一定的,它既不能创造,也不会消灭。热质说能够顺利地解释许多人所共知的热现象。比如,说物体受热膨胀是热质流入物体的结果,热传导是热质的流动,对流是载有热质的物质的流动,太阳光经过凸透镜聚焦生热是热质集中的结果等。因此它压倒了热是运动的观点,获得了广泛的承认。

人类探索热学之路

1714年,华伦海特改良水银温度计,定出华氏温标,建立了温度测量的一个共同的标准,使热学走上了实验科学的道路。

1789年,法国的拉瓦锡把热列入他的化学元素表里,用T表示,属于气体元素类。物理学中常用的热量概念和它的单位卡路里(简称卡),也是在热质说的基础上建立的。当时,热量就表示热质的多少。

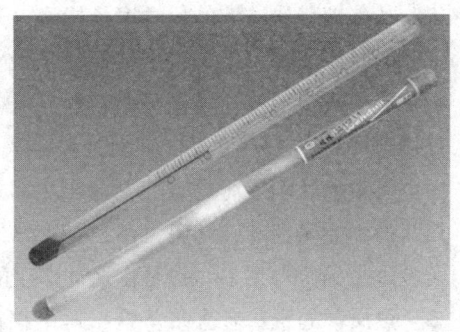

水银温度计

热质说取得胜利,成为热学的正统理论后,仍旧不时受到一些新的实验事实的冲击。比如在冰溶解成水和水沸腾变成蒸汽的过程中,只吸收热量,温度并不升高的事实,就向热质说提出挑战。按照热质说,物质含的热质越多,温度应该越高。给冰加热,就是把热质注入冰里去,所以冰的温度应该逐渐升高。然而冰溶解的时候,尽管每1千克冰吸收了80千卡(1千卡≈4.18千焦)热,但冰的温度没有升高,同样,水沸腾的时候,每1千克水虽然吸收了539千卡的热,水的温度也没有升高,冰或者水吸收的热质跑到哪里去了呢?还是布拉克提出了一种"巧妙"的解释,说这些热质"束缚"到物质内部去了,或者说"潜伏"起来了。他把这部分热质叫做"潜热"。虽然这种解释不能叫人满意,但是也能搪塞过去。就这样,热质说在热学中称雄了近100年。

热质说究竟是不是真理呢?只有科学实验才能做出权威的判断。1798

拉瓦锡

年，从美国移居欧洲的科学家汤姆逊（后来被封为伦福德伯爵）在用钻头钻炮筒的时候发现，钻头、炮筒和铁屑的温度都升高了，而且产生的热量和钻磨量或多或少成反比。他发现，钝钻头比锐利的钻头能够给出更多的热，但是切削反而少了。这和热质说的观点是矛盾的。根据热质说，锐利的钻头应当更有效地磨削炮筒的金属，放出更多的和金属结合的热质。伦福德还用一只几乎不能切削的钝钻头，在2小时45分钟里使大约8千克的水达到了沸点。实验使伦福德得到了"热是由运动产生的，它绝不是一种物质"的正确结论。

热质说的维护者人多势众，对伦福德的发现进行了种种刁难和歪曲，讥笑他违反"常识"。他们说，钻炮时候的热是其他化学变化产生出来的。伦福德经过仔细检查，没有发现在钻孔过程中有任何东西发生了化学变化。热质说的维护者们又声称，热是由于钻头把组成炮筒的金属中的"潜热"钻出来了。伦福德又经过反复检验，没有发现金属发生了从液态到固态或者从气态到液态的转变。因此"钻出了潜热"的说法纯属胡扯。极力维护热质说的人又说这是由于金属的比热发生了变化。在激烈的唇枪舌剑中，虽然热质说理屈词穷，但仍不甘失败，最后宣称热是由"外面的热质跑进来的"，千方百计把新发现纳入自己的框框。

为了驳倒热质说，1799年，戴维做了冰的摩擦实验。他在真空中用一只钟表机件使两块冰相互摩擦，整个实验仪器的温度正好是冰的冰点温度。实验结果，两块冰在摩擦的地方不断溶解成水。大家知道，水的比热比冰的比热还要大。这个实验驳倒了"外面的热质跑进来的"谬论，也证明了所谓热质不生不灭的守恒定律是错误的。根据确凿的实验事实，戴维大胆否定了热质的存在，认为热是一种特殊的运动，可能是各个物体的许多粒子的一种振动。

做功能够产生热，消耗热也能做功，功和热之间有没有确定的关系呢？为了寻找这个关系，就是测定所谓热功当量，英国酿酒匠出身的物理学家焦耳，从22岁开始，花了近40年时间，一共做了400多次实验，他历尽艰难，遭受过压制，终于创建了辉煌业绩。

在19世纪40年代头几年，默默无闻的焦耳埋头实验，用不同的方法初步测出了热和功之间的数量关系，指出只要做了一定数量的机械功，总能得到和这个功相应的热。这个引人注目的发现，在科学界引起轰动，有的赞同，

人类探索热学之路

但更多的是遭到怀疑和反对,甚至无理地拒绝他在皇家学会宣读实验论文。焦耳不畏困难,决心继续实验,用更精确的实验来驳倒反对派。1847年,他精心设计了一个迄今认为是最好的实验,就是在下降重物的作用下,使转动着的叶片和水发生摩擦而产生热。焦耳坚信,自己的实验结论是正确的。在这一年6月举行的英国学术会议上,焦耳要求宣读论文,又遭到阻拦,他费了一番口舌,才被同意做简要介绍。然而,他的介绍遭到信奉热质说的科学权威的强烈反对,连法拉第也表示怀疑。

直到19世纪50年代,由于其他国家的科学家从不同角度也得出了热功当量的数量,焦耳的成就才得到普遍承认,他本人也被选为英国皇家学会会员。1878年,年已花甲的焦耳对热功当量做了最后一次测定,得到的结果是423.9千克米/千卡,和30年前的测定结果相差极小。为了纪念他,人们用他名字的第一个大写字母J来表示热功当量:1J = 427 千克米/千卡。意思是,1千卡的热量和427千克米的功相当,假如功用焦耳作单位,热量用卡作单位,J = 4.18 焦/卡。

焦 耳

热功当量的测得,标志着热质说被彻底摧毁,热的运动说取得完全胜利,也导致了自然界的一条普遍规律——能量守恒和转化定律的建立。通过长期反复较量,在实践中经受了考验的热的运动说终于赢得了胜利。

热的运动说指出,热量是物质运动的一种表现。它的本质就是物质内部大量实物粒子——分子、原子、电子等的杂乱无规则运动。这种热运动越剧烈,由这些粒子组成的物体就越热,它的温度也越高。物质的运动总是和能量联系在一起的。实物粒子的热运动所具有的能量,叫做热能。热运动越剧烈,它所具有的热能也越大。所以,温度其实就是无数粒子的热运动平均能量的量度。19世纪中叶以后,热学的理论和实践都取得了突飞猛进的发展。

中国古代热学的发展

我国古代的热学知识大部分是生活和生产经验的总结。至今所知的古籍中对热的研究记载较少,还有待于进一步发掘。

火的利用和控制,是人类第一次支配了自然力,使人类文明大大前进了一步,同时,它也是古人对热现象认识的开端。我国山西省芮城西侯度旧石器的遗址,说明大约180万年前人类已经开始使用火。

约在公元前2000年,我国已有气温反常的记载,在西周初期,人们开始掌握降温术和高温术。据《周礼》记载,当时已设专人司贮冰事,冬季凿冰加以贮藏,到春、夏季用以冷藏食物和保存尸体。说明当时已利用天然冰来降温。我国冶炼业的发展较早,高温技术也很早被人们掌握。江苏省曾出土春秋晚期的一块铁,经科学分析,它是一块生铁,生铁的冶炼温度比熟铁高,需达摄氏千度以上。生铁的出土,说明在那时的高温技术已达到一定水平。

温度计还没有发明以前,古人在冶炼金属的实践中,创造了通过观察火候和火色来判别温度高低的方法。据《考工记》记载,在铸铜与锡时,随温度的升高,火焰的颜色先后变为暗红色、橙色、黄色、白色、青色,然后才可以浇铸。这种方法同样也应用于制陶工业。从现代科学分析,不同物质有不同的汽化点,因此从火焰的颜色可以判断所汽化的物质,从而判断温度的高低。对同一种物质,随着温度的升高,其颜色也先后有所变化。"火候"(包括火色)成了我国古代热工艺中一个内容丰富的特有概念。

除制陶和冶炼金属之外,我国古代还在农业中采用了控温技术。据《汉书·召信巨传》记载,西汉末年,我国已冬季栽培蔬菜,其方法是"覆以屋庑,昼夜蕴火,待温气乃生"。北魏时期,还利用熏烟的方法防止霜冻。

对冷热问题,东汉王充还曾从理论上加以探讨,在他的著作《论衡·寒温篇》中写道:"夫近水则寒,近火则温,远之渐微,何则?气之所加,远近有差也。"他把"气"作为物体之间进行"温""寒"传递的物质承担者,还指出距离变远,"气"的作用渐小。这里已涉及热传递的理论问题,但它只是思辨性的,是我国"元气说"的一种应用。

对热是什么这一问题,我国古代也已注意到,南北朝成书的《关尹子》中认为:"外物"的来去是使瓦石一类物体发生寒热温凉之变的原因。而另一种说法见于据传可能为北齐刘昼著的《刘子·崇学篇》,则从"五行"观念出发,猜想物体寒、热、温、凉的变化是一种"内物"在起作用。这种所谓的"外物"或"内物"都是把热设想为一种实体物质,它类似于 18 世纪"燃素"和"热素"的观念。

热胀冷缩是重要的热现象之一,在我国古代对它已有所研究和利用。汉代《淮南万毕术》记述了这样一个现象:把盛水铜瓮加热,直到水沸腾时密闭其口,急沉入井中,铜瓮发出雷鸣般响声。这现象可能是发热物体在急速冷却时发生了内破裂,破裂声由井内传出,这是一个典型的热胀冷缩现象。元代陶宗仪曾亲自做热胀冷缩实验,他把带孔的物体加热以后,使另一个物体进入孔洞,从而这两个物体如"辘轳旋转,无分毫缝罅",他明确指出,这是前一物体"煮之胖胀"的缘故。据《华阳国志》记载,李冰父子修建都江堰时,发现用火烧巨石,然后浇水其上,就容易凿开山石。这种利用岩石热胀冷缩不均从而易于崩裂的施工经验,在我国历代水利工程中不断为人们采用。

我国古代,在生产和生活实践中,创制了利用热的各种器具。如宋代曾发明一种"省油灯",在"灯盏一端做小窍,注清冷水于其中",据说这种灯能"省油几半"。现在分析,文中所说加入冷水,目的是降低温度,避免油被灯火加热后急速蒸发,其中包含了对油的汽化和温度的关系的认识;据《淮南子》记载:"取鸡子,去其法,然(燃)艾火纳空卵中,疾风因举之飞。"这是关于"热气球"的最早设想,也是空气受热上升的具体应用。五代时期,据说还利用这一原理制成信号灯,所谓"孔明灯"也是应用了这一道理。关于走马灯我国古代有较多记载,有的古籍把它称为"马骑灯"、"影灯"。宋代《武林旧事》在记述各种元宵彩灯时写道:"若沙戏影灯、马骑人物、旋转如飞……"这表明当时已利用了冷热

走马灯

空气的对流制造出各种各样的走马灯。

在我国古代,很早就出现了对热动力的认识和利用。唐代出现了烟火玩物,"烟火起轮,走绒流星"。宋代制成了用火药喷射推进的火箭、火球、火蒺藜。明代制成了"火龙出水"的火箭,这些都是利用燃烧时向后喷射产生反作用力使火箭前进的道理,属热动力的应用。它是近代火箭的始祖,被世界所公认。

热能及其成员

热能又称热量、能量等,它是生命的能源。人的每天劳务活动、体育运动、上课学习和从事其他一切活动,以及人体维持正常体温、各种生理活动都要消耗能量,就像蒸汽机需要烧煤、内燃机需要用汽油、电动机需要用电一样。人体的热能来源于每天所吃的食物,但食物中不是所有营养素都能产生热能的,只有碳水化合物、脂肪、蛋白质这三大营养素会产生热能。每克碳水化合物在体内氧化时产生的热能为16.74千焦耳(4千卡),脂肪每克为37.66千焦耳(9千卡),蛋白质每克为16.74千焦耳(4千卡)。单位换算如下:1千卡=4.184千焦耳,1千焦耳=0.239千卡。热能的需要量指的是维持身体正常生理功能及日常活动所需的能量,如低于这个数量,将对身体产生不良影响。

人体需要的能量包括基础代谢所需的能量、劳动活动所需的能量、消化食物所需的能量等三个方面。对于处在生长发育阶段的儿童、青少年,由于身体的新陈代谢特别旺盛,对热能的需要量较高。一个人如果热量摄入不足,就会使体内贮存的糖逐渐减少,到一定程度时,就将开始动用脂肪,并消耗部分蛋白质,使肌肉和内脏萎缩、消瘦、乏力、体重减轻、变得"骨瘦如柴",各种生理功能受到严重影响,甚至危及生命。在日常生活中,有些学生经常少吃或不吃早餐,由于体内热能不足,使得血糖降低,在上第二节课以后往往产生饥饿感,自觉手足无力,上课时思想不集中。这就是吃的食物不够,能量不足所造成的,日久还会影响生长发育。

但是,如果每天吃过多的糖果、甜食等,使食物的产热量超过需要量,那么多余的能量就会转化为脂肪,积聚在皮下组织,使皮下脂肪增厚,体重

人类探索热学之路

超过正常范围，出现肥胖现象，并将成为成年期的高血压、糖尿病、心血管病等器质性疾病的先兆因子。

调节热的成员

比热容

比热容（specific heat capacity）又称比热容量（specific heat），简称比热容，是单位质量物质的热容量，即是单位质量物体改变单位温度时吸收或释放的内能。通常用符号C表示。

物质的比热容与所进行的过程有关。在工程应用上常用的有定压比热容C_p、定容比热容C_v和饱和状态比热容三种，定压比热容C_p是单位质量的物质在比压不变的条件下，温度升高或下降1℃或1K所吸收或放出的能量；定容比热容C_v是单位质量的物质在比容不变的条件下，温度升高或下降1℃或1K吸收或放出的内能；饱和状态比热容是单位质量的物质在某饱和状态时，温度升高或下降1℃或1K所吸收或放出的热量。

水的比热容较大，在工农业生产和日常生活中有广泛的应用。这个应用主要考虑两个方面：①一定质量的水吸收（或放出）很多的热而自身的温度却变化不多，有利于调节气候；②一定质量的水升高（或降低）一定温度吸热（或放热）很多，有利于用水作冷却剂或取暖。

熔解热

常温常压下，1摩尔溶质溶于水时的反应热，叫做这种物质的熔解热。

晶体的熔解是粒子由规则排列转向不规则排列的过程。熔解热指单位质量晶体物质，在熔点由固相转变为液相所吸收的相变潜热。这些热量就将用来反抗分子引力做功，增加分子的势能，也就是说，这时物质所吸收的热量是破坏点阵结构所需的能量，使分子的运动状态起质的变化：从固态的分子热运动转变成液态的分子热运动，同时改变了物质的状态。所以晶体不仅有固定的熔点，而且还需要吸收一定数量的热量来实现它的熔解。由于物质不同其晶体空间点阵结构也不同，尽管各种不同物质的质量相同，在熔解时所吸收的热量却不相同。为表示晶体物质的这一特性，而引入熔解热。它表示单位质量的某种固态物质在熔点时完全熔解成同温度的液态物质所需要的热量，也等于单位质量的同种液态物质，在凝固时，在凝固点，转变为晶体所放出的热量。

如果用 λ 表示物质的熔解热，m 表示物质的质量，Q 表示熔解时所需要吸收的热量，$Q = \lambda m$。

熔解热的单位是焦耳/克或焦耳/千克。测量熔点较高的物体的熔解热是比较困难的，但是对于熔点较低的物体，就可以用量热器来测定。

汽化热

汽化热指单位质量的某种物质在温度保持不变的情况下，由液相转变为气相时所吸收的相变潜热，也等于单位质量的同种气态物质在相同条件下由气相转变为液相所释放的相变潜热。不同的液体汽化热不同。同种液体在不同的温度时其汽化热亦不同。当温度升高时其汽化热减小。这是由于温度升高，液态与气态间的差别逐渐减少的缘故。

我们知道，在通常情况下，物质的存在形式有三种状态，即固态、液态和气态。在一定条件下，物质可以从一种状态转变为另一种状态。这种物态变化在物理学上称为"相变"。在我们居住的地球上，水的三态变化很容易实现，所以物态变化是人们早就熟悉的现象。

1754年冬天，德留克在巴黎做实验时，把温度计插入装有水的容器中，待水完全凝固成冰后，将容器放到微火上慢慢加热。德留克发现，开始，温度示数缓缓上升；但当冰开始融化时，虽然继续加热，温度示数却保持不变，直到冰完全熔解后，温度示数才重新缓缓上升。那么，在这段时间内冰所吸收的热量到哪里去了呢？德留克设想，热量必是以某种形式被束缚起来了。他又以适量的水和冰混合起来进行实验，得到了同样的结果，即一部分热量似乎"消失"了。这就是潜热的发现。

潜热的发现，使"热量守恒"的观念进一步得到证明；但同时也明确了，前述混合量热公式并不适用于冰水混合的情况。或者更一般地说，这个公式只在不发生物态变化的情况下才是适用的；而在包含有相变的过程中，则必须考虑潜热的吸收和释放。当然，按照现代的观点，并不存在什么"潜热"，而是在相变过程中发生了能量形式的转换，即热这种形式的能转变为物质粒子间的势能,这就是"熔解热"和"汽化热"的实质。

地底的成员——地热

地球上火山喷出的熔岩温度高达1200℃~1300℃,天然温泉的温度大多在60℃以上,有的甚至高达100℃~140℃。这说明地球是一个庞大的热库,蕴藏着巨大的热能。那么地热是从何而来的呢?要想回答这个问题,就需要从地球的构造谈起。

地球可以看做是半径约为6370千米的实心球体。它的构造就像是一个半熟的鸡蛋,主要分为3层。地球的外表相当于蛋壳,这部分叫做"地壳",它的厚度各处很不均一,由几千米到70千米不等。地壳的下面是"中间层",相当于鸡蛋白,也叫"地幔",它主要是由熔融状态的岩浆构成,厚度约为2900千米。地球的内部相当于蛋黄的部分叫做"地核",地核又分为外地核和内地核。

地球每一层的温度很不相同。从地表以下平均每下降100米,温度就升高3℃,在地热异常区,温度随深度增加更快。我国华北平原某一个钻井钻到1000米时,温度为46.8℃;钻到2100米时,温度升高到84.5℃。另一钻井,深达5000米,井底温度为180℃。根据各种资料推断,地壳底部和地幔上部的温度为1100℃~1300℃,地核为2000℃~5000℃。

地球内部的温度产生的热量是哪里来的呢?一般认为,是由于地球物质中所含的放射性元素衰变产生的热量。有人估计,在地球的历史中,地球内部由于放射性元素衰变而产生的热量,平均为每年5×10^{22}卡。这是多么巨大的热源啊!1981年8月,在肯尼亚首都内罗毕召开了联合国新能源会议,据会议技术报告介绍,全球地热能的潜在资源相当于现在全球能源消耗总量的45万倍。地下热能的总量

著名的华卡雷瓦地热保护区

约为煤全部燃烧所放出热量的1.7亿倍。

由于构造原因,地球表面的热流量分布不匀,这就形成了地热异常,如果再具备盖层、储层、导热、导水等地质条件,就可以进行地热资源的开发利用。

所谓地热资源就是以水为介质把热带到地表的温泉水。我国不少地方都有温泉,著名的小汤山温泉就是其中之一。目前我们对北京地区已进行了40多年的地热资源勘探研究,用钻探手段我们可以把地下几千米的热水,即温泉带到地表,这就是地热资源开发。地热也可用于发电,即地热发电。

物质的饱和状态

物质的饱和状态实际上是气体或液体和其他物质之间处于动态平衡时所表现出来的一种状态。饱和状态分为饱和气体状态、饱和液体状态和气液共存状态。如液体汽化时,其分子不断从液体中逸出,同时也有分子从蒸气中进入液体,当达到同一时间进出液体的分子数相等并平衡时的状态就称为液体的饱和状态。

动态平衡是建立在一定的温度及压力条件下的,如果温度或压力改变时,平衡条件就会受到破坏,经过一段时间后,又会达到新的平衡,出现新的饱和状态。

热力学与分子运动

早期的分子论

两千多年以前,我国古代的学者提出了"一尺之棰,日取其半,万世不竭"的论断。"棰"是一种策马鞭上的短木棍。意思是,一尺长的短木棍,每天分割一半,就是亿万年也分割不完。它朴素地说出了物质无限可分的思想。但是,对于木棍这样的具体物质进行机械分割,是不可能"万世不竭"的。

比如你"日取其半"地分割一尺长的木棍,分割到第 29 天,剩下的长度大约是五亿分之一尺,它还具有木头的性质。因为木头是由一种纤维素的单元构成的,这是一种很长的链,每个环节大约是五亿分之一尺,和第 29 天分割以后剩下的长度相当。但是经过第 30 天分割,剩下的长度只有十亿分之一尺,变成了比组成木头的纤维素单元更小的东西。在第 30 天以后,虽然物质还可以无止境地分下去,但是分出来的小粒子已经不再具有木头的性质了。可见,具体物质的分割是有限度的。

在物理学中,能够保留某种物质性质的最小粒子,叫做这种物质的分子。自然界里千姿百态的物质,都是由各种各样不同的分子组成的。

分子的尺寸和重量都小得惊人。一滴油滴到水面上,可以散成很大面积,油层可以薄到只有百万分之一厘米;延展性很好的金子,可以加工成厚度只有十万分之一厘米的金箔。但是这样薄的油层还有几十个油分子厚,这样薄的金箔竟有几百个金分子厚。

精确的实验告诉我们,一般物质分子的直径,大约只有亿分之几厘米。在物理学中,常把亿分之一厘米叫做 1 埃。像水分子的直径是亿分之四厘米,就是 4 埃。这是一个很小的数字,把 2500 万个水分子肩并肩地排列起来,总长度才是 1 厘米。蛋白质分子的直径也只有几十埃。

常见物质里含有的分子数目庞大无比。比如 1 厘米^3 的水里含有 3.35×10^{24} 个水分子,把它们分给全世界所有的人,平均每人能够分到 8×10^{12} 个。假想有一种极小的动物喝水,每 1 秒钟喝进 100 亿个水分子,喝完 1 厘米^3 的水至少要用 10 万年以上的时间!

分子的质量也极其微小,1 厘米^3 水的质量是 1 克,含有的水分子是 3.35×10^{24} 个,所以一个水分子的质量只有 2.99×10^{-23} 克。分子里最轻的成员是氢分子,质量小到只有 3.35×10^{-24} 克,拿一个氢分子质量和一个中等大小的苹果质量相比,大约相当于这个苹果质量和地球质量相比。

分子的热运动

组成气体的分子都十分好动。比如你种的茉莉花,一旦开了花,全家甚至邻居都可以闻到扑鼻香气;鱼、肉腐烂了,会弄得周围臭气熏天。组成液体的分子也很好动。你在一杯清水里滴入一滴墨水,墨水就会慢慢散开,和水完全混合。这表明一种液体的分子进入到另一种液体里去了。或者说液体分子在不停地运动。固体分子,也很不安分守己。比如把表面非常光滑洁净的铅板紧紧压在金板上面,几个月以后就可以发现,铅分子跑到了金板里,金分子也跑到了铅板里,有些地方甚至进入1毫米深处。如放5年,金和铅就会连在一起,它们的分子互相进入大约1厘米。又如长期存放煤的墙角和地面,有相当厚的一层都变成了黑色,就是煤分子进入墙壁的结果。

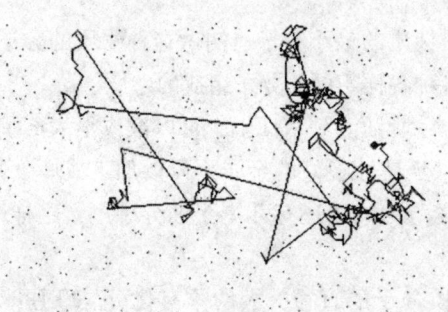

分子热运动

证明液体、气体分子做杂乱无章运动的最著名的实验,是英国植物学家布朗发现的布朗运动。

1827年,布朗把藤黄粉放入水中,然后取出一滴这种悬浮液放在显微镜下观察,他奇怪地发现,藤黄的小颗粒在水中像着了魔似的不停运动,而且每个颗粒的运动方向和速度大小都改变得很快,好像在跳一种乱七八糟的舞蹈。就是把藤黄粉的悬浮液密闭起来,不管白天黑夜,夏天冬天,随时都可以看到布朗运动,无论观察多长时间,这种运动也不会停止。在空气中同样可以观察到布朗运动,悬浮在空气里的微粒(如尘埃),也在跳着一种杂乱无章的舞蹈。

发生布朗运动的原因是组成液体或者气体的分子本性好动。比如在常温常压下,空气分子的平均速度是500米/秒,在1秒钟里,每个分子要和其他分子相撞500亿次。好动又毫无规律的分子从四面八方撞击着悬浮的小颗粒,综合起来,有时这个方向大些,有时那个方向大些,结果小颗粒就被迫做起忽前忽后、时左时右的无规则运动来了。

倒一杯热水和一杯冷水,然后向每个杯里滴进一滴红墨水,热水杯里的红墨水要比冷水杯里的扩散得快些。这说明温度高,分子运动的速度大,并且随着物体温度的增高而增大,因此分子的运动也做热运动。

到19世纪,情况发生很大变化。大规模的机器生产使生产力的面貌发生革命性的变化,物理学的各个分支都以前所未有的速度发展起来,分子运动

人类探索热学之路

论在此期间也有了极大进展。1816年,英国的赫拉帕斯提出了自己的分子运动论理论,1846年,苏格兰的瓦特斯顿提出能量均分原理,德国的克里尼希对早期分子运动论进行了总结。从分子速度和统计分布角度看,克劳修斯、麦克斯韦和玻尔兹曼是分子运动论的真正奠基人。后来在吉布斯努力下,完成了热力学与分子运动论两个方面的理论综合。

热的性质与热传递

热平衡状态

几个原先温度不同的物体放在一起后,温度高的物体逐渐变冷,温度低的物体逐渐变热,最后它们的温度趋于相同,我们就说它们处于热平衡状态。就是同一个物体,如果它内部各部分的温度原先不同,经过一段时间后,各部分温度趋于一致,也叫处于热平衡状态。

例如,在半杯冷水中倒进小半杯热水,过一会儿,都变成温水了。又如有一根小铁棒,将它的一头放在火上烧一会儿,它的一头就变热了,另一头温度要低,但过不多久,整根铁棒的温度就一样了。如果再多放些时候,铁棒和周围空气的温度也将趋于一致。从分子运动论的角度来看,原先温度高的物体内部分子的平均速度大,原先温度低的物体分子平均速度小,让它们互相进行接触,它们的分子就会发生相撞,结果原先速度大的分子撞了其他分子后速度变小了,而原先速度小的分子被撞得速度变大了,大量的分子撞来撞去,最后使各处的分子平均速度都差不多,物体之间的温度也就相同了。

任何温度不同的物体放在一起,总会自动地趋于热平衡状态,相反,要使原先温度相同的物体变得冷热不一样,则要用其他方法,像用火来加热、用力摩擦等。

热胀冷缩

热膨胀指物体在温度升高时,它的长度增长、面积扩大、体积膨胀的现象;而当温度下降时,物体的长度就缩短、面积缩小、体积也收缩,这种现象通俗地讲是热胀冷缩。

冬天，路边电线杆之间的电线拉得比较紧，但到了夏天，电线因温度升高而变长，便松弛地垂了下来。如果哪个冒失的架线工，为了节省电线，在夏天把电线拉得紧紧的，那么，到了寒冷的冬天，电线非绷断不可。法国的塞纳河上有一座桥，原先桥的两头是固定在桥墩上的，有一年冬天，气温骤然下降，桥梁收缩得厉害，结果把桥墩上的水泥也被拉坏了。所以，钢铁大桥的一头是固定的，另一头则放在滚子上，让它可以随着桥梁伸缩移动。用水泥铺成的公路上，每隔一段距离就留有一小段空隙，以备水泥膨胀之用。同样道理，铁路的钢轨不是一根根紧密相连，在两根之间留有一段空隙。

自然界中绝大多数的物体是热胀冷缩，但是也有反常的，像水从0℃升高到4℃时，它的体积反而缩小了，这叫反常热膨胀。水的这种反常性质救了许多水生动物的命，因为4℃的水体积最小，所以它一直沉在水底，上面的水结冰了，鱼类还可在下面的水中生存。正是由于水的这种特性，人们在冰天雪地的季节里，仍可以凿开河面的冰层，在水下捕到活蹦乱跳的鱼。

有人说，既然温度下降，物体的长度会缩短，那么不断降低温度，物体的长度不就会缩到零吗？这种担心是没有根据的，因为温度不可能永远降下去，自然界中的低温有一个极限，这就是绝对零度，即使到了绝对零度，物体长度仍不为零，何况温度不可能再低下去了。

热传递三方式

热从温度高的物体传到温度低的物体，或者从物体的高温部分传到低温部分，这种现象叫做热传递。

热传递是自然界普遍存在的一种自然现象。只要物体之间或同一物体的不同部分之间存在温度差，就会有热传递现象发生，并且将一直继续到温度相同的时候为止。

发生热传递的惟一条件是存在温度差，与物体的状态、物体间是否接触都无关。热传递的结

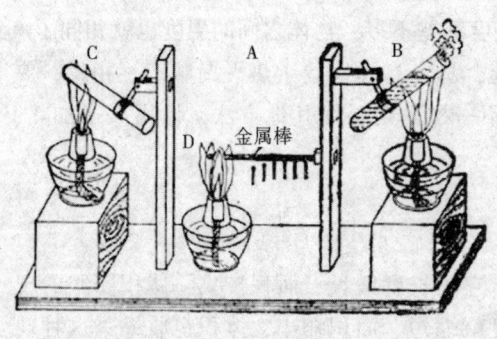

热传递

人类探索热学之路

果是温差消失，即发生热传递的物体间或物体的不同部分达到相同的温度。

在热传递过程中，物质并未发生迁移，只是高温物体放出热量，温度降低，内能减少（确切地说是物体里的分子做无规则运动的平均动能减小）；低温物体吸收热量，温度升高，内能增加。因此，热传递的实质就是内能从高温物体向低温物体转移的过程，这是能量转移的一种方式。

热传递有三种方式：传导、对流和辐射。

热传导又叫"导热"，是固体中传热的一种主要方式。在这种传热过程中，热量从固体的一部分传到另一部分去，固体里的物质却没有移来移去。从分子运动论来看，在固体中，温度高的地方分子的平均速度大，分子比较活跃，它们相碰撞的机会多，分子撞来撞去，原先速度大的分子"累"了，速度降了下来，而原先速度小的分子被撞得活跃起来，速度变大了，这样使固体内部各处的分子平均速度趋向于相同。从宏观看，就是热量从温度高的地方传到温度低的地方去了。在这个过程中，传递的是分子的速度，或者说是热量，而不是热的地方的分子跑到冷的地方去，也不是什么"热的物质"传过去了。

用不同材料做成的物体，导热的本领是不一样的。用金属做的调羹，导热本领大，传热快；用瓷器做的调羹，传热的本领就要差一点；而用塑料做的调羹，传热本领还要差。冬天，穿厚厚的棉袄，很暖和，因为棉花传热的本领差，身体里的热量不容易散出去。而当把冰棍用棉被盖起来时，有人担心棉被里的冰棍会热得融化掉，这种想法是错的。因为，棉被不传热，起的是隔热作用，它既能使身体中的热量不容易传出去，也能使外面的热量不容易传进去融化冰棍。

对流是液体和气体中传热的一种主要方式，它是靠液体或气体的流动来传热的过程。在这种过程中，热量的传递是和物质的移动结伴而行的。由于热胀冷缩，温度高的液体体积大，密度小。也就是说，体积同样大小的液体热的轻一点，冷的重一点，于是热的液体要上升，冷的液体要下降，它们相互交换位置，同时把热量也带来带去，这就是对流。从分子运动论的角度看，冷热不同的液体互换位置时，速度大小不同的分子也在不断交换位置，最后使得液体中各处分子的平均速度趋向于一致，整个液体处于热平衡状态，对流过程也就结束了。气体中的情况和液体中差不多，冷热不同的气体交换位置就形成风,风将高温地方的热量带到低温地方去。夏天,为了使身上的热量快些散发出去,人们用扇子或风扇来制造风,加快热量的传递;而为了使冷热不同的饮料混在一起,人们还用搅拌的方法,加快饮料中的对流过程。

热辐射是传热的三种方式中的一种,指温度高的物体向周围发出带着热量的电磁辐射的过程。物体温度越高,辐射越强。如果物体的温度比周围环境的温度高,那么它发出的热辐射多,吸收的热辐射少,总的来讲,它是发出热辐射;如果物体温度比周围环境温度低,那么它发出的热辐射少,吸收的热辐射多,总

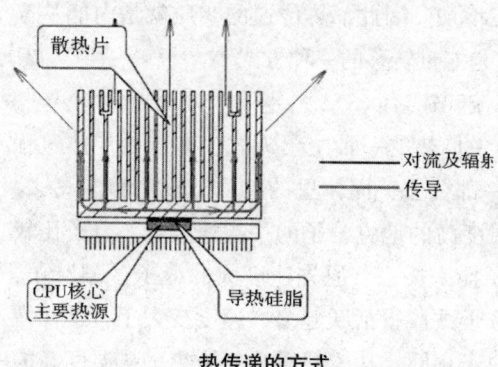

热传递的方式

的来讲,它是吸收热辐射。通过这种发射和吸收热辐射的方式,高温物体的热量就传到低温物体上去。与热传导、对流不同,热辐射能把热能以光的速度穿过真空,从一个物体传给另一个物体。任何物体只要温度高于绝对零度,就能辐射电磁波,波长为 0.4～40 微米范围内的电磁波(可见光与红外线)能被物体吸收而变成热能,故称为热射线。因电磁波的传播不需要任何媒质,所以热辐射是真空中惟一的热传递方式。例如,太阳传给地球的热能就是以热辐射的方式经过宇宙空间而来的。

蒸发和沸腾

液体表面发生汽化的现象叫做蒸发。液体内部和表面同时发生剧烈的汽化现象叫做沸腾。如果我们有孙悟空那样的本领,把身体缩得很小很小,钻到液体里面去看看,可以看到些什么情景?真想不到,液体的分子之间还有空隙。每个分子都在不断地做高速运动,当它碰撞到邻近的分子时,就立即被弹回来,忙忙碌碌,好像永远不会感到疲劳。在液体表面层的分子就更活跃了,它们在接触空气的那一面受到的阻碍作用较小。液体的每个分子的运动速率不同,有的很"强壮",跑得很快;有的比较"衰弱",跑得很慢。那些跑得快的分子很容易摆脱周围分子的束缚,跳到阻碍作用小的空气中去。

人类探索热学之路

如果盛液体的容器口敞开着，那么这些跳出来的分子就会逃之夭夭。这就形成了蒸发现象。如果我们把盛液体的容器盖上盖子，那些跑得快的液体分子就跑不掉了。空气中的液体分子混杂在空气分子中，有的碰撞到其他分子，又被弹回到液体表面，进入液体中。这时候容器里的液体表面上空非常热闹，有些液体分子刚从液体表面上跳出来，有些液体分子在空气中撞到其他分子又被弹回到液体里去。当从液体表面跳出的分子和弹回到液体里的分子数目相等时，就"停止蒸发"了。这就好像在一个蜂箱里有1000只蜜蜂，每分钟飞出50只，同时又从外面飞回50只，蜂箱里蜜蜂的总数既不增多，也不减少。与这里讲的"停止蒸发"，情况有些类似。其实并不是真正的停止，而是达到了"进出平衡"。

蒸发的时候，从液体表面跳出来的分子，都要达到相当大的速率，才能摆脱束缚。分子的运动速率越大，具有的能量也越大。这就要向四周吸取热量来增加分子运动的速率。所以液体蒸发时会使周围物体的温度降低。我们可以做一个小实验来证明，用电风扇对着一只温度计吹风，无论吹多长时间，温度计的读数不会下降。因为在同一房间里的气温都相同，空气流动形成的风的温度和原来的室温相同，所以温度计反映的温度不会发生

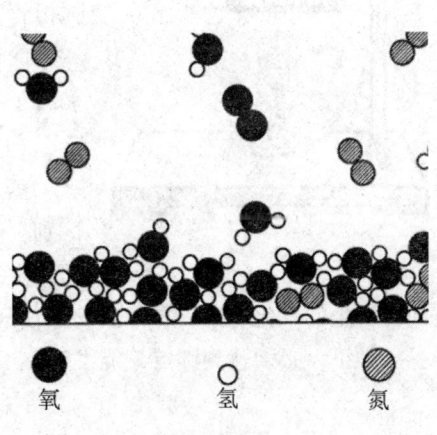

空气中水的蒸发

变化。如果在温度计的泡上蘸一些水，不一会儿，温度计的读数就下降了。因为温度计的泡上水分蒸发，吸取了温度计泡的热量，使得温度下降。吹电风扇感到凉快，也是因为皮肤表面的水分在蒸发的缘故。如果人体的皮肤表面干得像没有水分的温度计一样，可以肯定，吹电风扇时一点也不会感到凉快。

任何情况下，液体的表面都在发生汽化。液体的内部会不会发生汽化呢？我们烧水的时候，当温度达到100℃，整个水壶中气泡翻滚，不但水的表面汽化，内部也有无数的气泡升到水面。我们习惯上说水开了。液体在一定温度

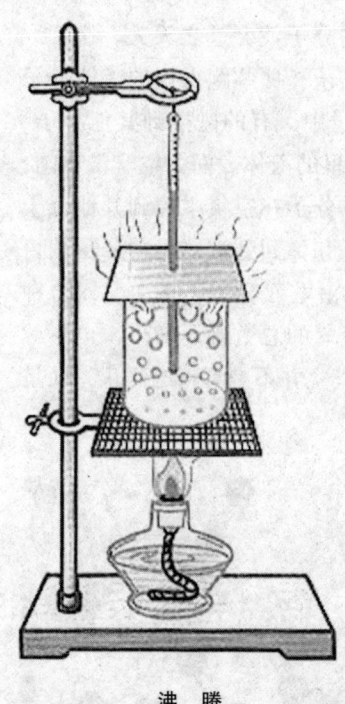

沸 腾

时，它的内部和表面同时发生剧烈的汽化现象，这就叫做沸腾。各种液体沸腾时的温度——沸点各不相同。在一个大气压的条件下，液态空气在 -193℃ 就沸腾了，水在 100℃ 沸腾，铁水要达到 2450℃ 才沸腾。液体的沸点和大气压有关，气压高，沸点也高；气压低，沸点也低。登山运动员如果用普通锅来煮鸡蛋，那非饿肚子不可。因为高山气压低，不到 100℃ 水就开了，鸡蛋当然不容易煮熟。例如，在海拔 2000 米的高山上，水在 93℃ 就沸腾了。所以在高山上就要请压力锅来帮忙。把水和鸡蛋密闭在压力锅里，压力锅加热时，锅内气压超过 1 个大气压，水的沸点就能达到 100℃ 以上，鸡蛋很快就可以煮熟。

蒸发和沸腾都是液体的汽化现象，但是有区别：一是汽化的范围不同，蒸发是在液体表面发生的汽化现象；沸腾是在液体表面和内部同时发生的汽化现象。二是蒸发在任何温度下都可以发生；沸腾在一定的外界压强下，必须达到沸点才能发生。

红外线

红外线是太阳光线中众多不可见光线中的一种，由德国科学家霍胥尔于 1800 年发现，又称为红外热辐射。他将太阳光用三棱镜分解开，在各种不同颜色的色带位置上放置了温度计，试图测量各种颜色的光的加热效应。结果发现，位于红光外侧的那支温度计升温最快。因此得到结论：太阳光谱中，红光的外侧必定存在看不见的光线，这就是红外线。

太阳光谱上红外线的波长大于可见光线，波长为 0.75～1000μm。红外线可分为三部分，即近红外线，波长为 (0.75—1)～(2.5—3) μm 之间；中红外线，波长为（2.5—3）~（25—40）μm 之间；远红外线，波长为（25—40）~1000μm 之间。

物态变化与热量

世界与物态

在我们所居住的地球这个千姿百态、色彩斑斓的世界上，我们生活中的每一天，都必须不停地与各种各样的物质打交道。在这个物质的世界之中，物质的种类之繁多，物质所结合而成的各种结构之复杂，是难以想象的。不过，在人们对热现象的深入研究中，逐渐地发现世界上各种物质的微粒在永不停息的无规则的热运动过程中，由于运动特点的微观过程的差异，形成了数量并不多的几种物质存在的状态，这就是我们所说的世界上的物质的三种物态：固态、液态和气态。在不同的物质所形成的同一种物态之间，都具有同种物态的特性；而同一种物质，在不同的条件下，可以形成固态、液态、气态等各种物相，并且在一定的条件变化过程之中，这种物质可以在几种物态形式之间转化。世界便在这些不同的物态以及不同物态相互转化的基础上，形成了千变万化、丰富多彩的自然景观。在这里，我们把分别处于固态、液态和气态的物体称为固体、液体以及气体，不同物质组成的固体、气体和液体之

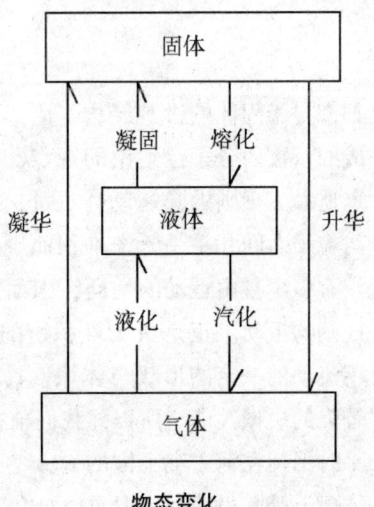

物态变化

间，有着相应物态的内在的共同属性，也因物质的不同而在同一物态内有着特异性，这也正是世界的多样性、复杂性的本源之一。

是谁撑起了世界

世界是有形的，可以触摸可以看见的。

生活中的热学

滑冰

不过,这个奇妙的世界是由什么塑成的呢?这是什么东西的功劳?对这个问题,也许大多数人都能不假思索地答出正确的答案:固体。不错,是固体,是形态各异的固体塑成了我们这个有形的世界,是坚强的固体支撑起了这个世界,这一切,正是由于组成这个有形世界的物质具有了固体的通性。

固体是坚硬的,或者是柔韧的,虽然用力可以使固体发生形变,如弯曲、折断、下凹或拉长与缩短等,但是,固体无论在多么大的压力之下,都不会被明显地压缩(除非本就是疏松而不致密的物块)。这一切,根源都来自于固体的微观结构。固体也是由分子、原子、离子等无数微观粒子构成的,按照分子运动论的观点,固体中的微观粒子也在毫不知疲倦、永不停息地做无规则的热运动,不过,由于固体中微观粒子之间的距离极小,粒子与粒子之间几乎是紧密堆积而少有空隙,就像堆在一起的乒乓球那样,周围没有多少自由运动的空间,因而只能绕着一个固定的平衡位置做轻微的、不规则的振动。正是由于堆积密的微观特点,固体物质一般都具有不可压缩、不流动的一定的形状与体积,具有一定的硬度、韧性、抗拉抗压抗折等多种较强的机械性能。所以,我们踏在地球表面上,可以丝毫不为陷下去而发愁;平时怕掉在河中喝个饱的人,冬天的冰雪季节里也可以放心大胆地在河里的冰面上踏着极薄的冰刀自由自在地滑行了。

形形色色的物质构成的固体又按其微观结构及宏观表现分为晶体及非晶体。晶体是受热升温到一个特定的温度时能转化为液体的固体,对热传导等表现为各向异性,微观粒子的排列堆积结构则具有微观周期性,比如食盐晶体、冰晶体等;非晶体则不会有特定的转化为液体的温度,对热传导等表现为各向同性,微观粒子的排列不具有周期性或者只具有局部的周期性,全局

人类探索热学之路

排列并无规律。晶体在受热时转化为液体的特定温度称为固体的熔点，是晶体物质的一个特征数值。在熔点温度以上，晶体物质就再也不能以固态形式存在，而成为流动的液体了。

流动的世界

冰是坚固的，其内部的水分子排列致密，只能围绕平衡位置做轻微振动，因而是典型的固体物质。然而，当我们加热一块冰，温度到达 0℃ 时，冰便会由固体慢慢转化为液体——水，此时虽然吸收热量，但温度并不会升高，这是为什么呢？

原来，当冰受热而达到它的熔点时，内部的水分子微粒由于吸收了能量，分子运动更加剧烈，有的分子已经具有足够的能量摆脱平衡振动位点对它们的束缚而慢慢地自由移动。这时吸收的热量越多，便有越来越多的分子由束缚振动变为自由移动，固态的冰便越来越多地溶化为液态的水。当冰完全化为水时，吸收的热量才会使水温高于 0℃ 了。

正是由于分子无规则热运动的加剧，由束缚振动变为自由的慢慢移动，分子间距也略有增加，从而液体与固体便有了本质的性质差异。水不再具有冰的硬度、强度、韧性、抗拉抗折、不易形变等机械特性，代之以流动、易形变等特性。正是由于这个奇妙的转变，我们才得以看见一个流动的，充满活力与灵动的奇妙的流体世界；也正是由于这个奇妙的转变，我们才可以在冬天里滑冰之后，还能在酷暑里在清凉的水中自由自在地游泳，享受另一种无拘无束的感觉。

不过，值得一提的是，水的热胀冷缩现象有它自己的特殊性。一般的物质，温度高的液体密度小，降温则密度增大，体积缩小，再降温甚至凝固成固态时，密度更大，体积更小甚至发生一个大的飞跃。水呢，在 4℃ 以上，它与一般液体一样遵循热胀冷缩规律，不过在 4℃ 以下降温时，它的体积并不缩小，反而是膨胀增大，密度减小，直到变为冰亦然。这便是水的反常膨胀现象，由这个现象可以看出，水在 4℃ 时有密度最大值，4℃ 以上或 4℃ 以下密度都小于这个最大值，冰则不像一般物质那样固体比液体密度大，而是冰的密度比水小，由水结冰时体积会增大。你若不相信，可以做一个小实验来令你信服地证明这一点：冬天的冰雪季节里，装一小瓶水并塞紧，放在室外搁一夜。第二天早上你再去看它时,你会发现由于一夜0℃以下的冰冻,瓶中的水早已完全冻成冰了,可怜的小瓶被胀得四分五裂目不忍睹,只是冰却奇妙地保持着瓶的原形,不过,在这里你不必为小瓶的惨状而伤心,只要想想冬天在河面上冰面滑行的乐趣,再想想冰面下水中的游鱼能在温度较高的水层自由地嬉戏往来穿梭,你就该高兴起来。设想一下如果不是水的反常膨胀,冰将结在水下,河水若没完全冻成一个大冰棒便根本无滑冰的快乐了,而如果河流变成了一个完全的大冰棒,河中的可怜的鱼儿们岂不成了冰块中的化石了?

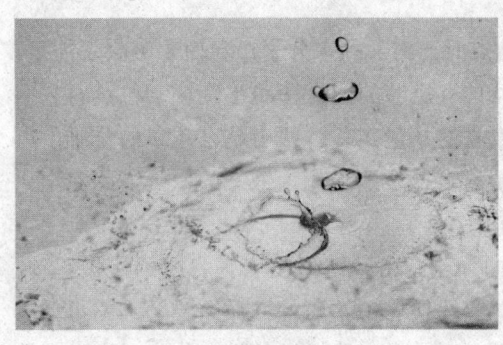

水和冰

当液态水继续受热而升温时,水分子的能量将越来越高,无规则的热运动也就将越来越剧烈。慢慢地,一些具有足够能量的水分子不再甘于缓慢的自由的游动,而是摆脱了周围液相水分子的束缚,飞出水面,在空中无规则地快速地飞行起来(当然也可能由于飞行方向的失控——其实根本是无控而一头扎回水面下重新成为水的俘虏),这时它们的分子间距远大于本身分子的大小,已经成为水蒸气——水的气态了。当水被加热到100℃时,大量吸收的热使大量的水分子同时飞出水面成为气体,于是水便沸腾了,100℃这个水由液态剧烈转化为气态的特征温度便被称为水的沸点。在沸点上,水由液态转化为气体分子的过程称为沸腾,低于沸点时,少量水分子也能转化为气体分子,这个过程则称为蒸发。其他液体与水一样,通过蒸发与沸腾的过程,都变成了另外一个物相状态——气态。

摸不着的世界

由于气体分子的间距大,运动速度快,分子极为自由,因而它除了比液体具有更大的流动性之外,它还有着与固体及液体完全不同的特性——可压缩性。固体及液体的机械特性在气体身上完全失去了,气体变成了摸不着的世界,而且几乎是无孔不入。对某种材料包围着的气体,比如一个容器中用自由活塞密封起来的气体,当我们在塞子上方加上一个砝码或别的重物,即通过活塞对气体施加压力时,气体体积将明显地缩小;而当你将活塞上的砝码移去时,它却因压力减小而自动将活塞往上顶一些位置,体积增加。因而,气体具有极为明显的可压缩性。

也正是由于气体模型的相对简单、气体分子间的相互作用相对微弱甚至可以完全忽略,从古至今,科学家们对气体进行了极为全面深入的研究,并取得了若干突破性的进展,揭示了气体世界的奥妙,以及气体在外环境作用下的种种内在规律。在这当中,气体定律应当说是最为主要的成就。

1802 年,盖·吕萨克把自己的精力集中到早已着手研究的问题——气体的热膨胀性质。当时,随着氧、氮等气体发现之后,许多科学家都进行了测定不同气体热膨胀系数的实验,但各种测量却得出了很不一致的结果。

原因何在?勤于思考的盖·吕萨克不断进行实验观察,不断提出各种假设,终于找到了问题的症结,原来"这些实验测量之所以不够准确,是由于仪器里面有水"。

盖·吕萨克

他指出:"设一装满空气的球,其中存有几滴水,如果球的温度升到水的沸点的温度,则这几滴水就会化成大于原体积约 1800 倍的水汽,因此,球中的空气,大部分就会被排出。所以,当球中的汽冷凝到小于原体积 1800 倍时,人们必然把这球中仅存空气的膨胀量估计得过高,因为球在沸点时,只有这种空气充塞它的全部体积。如果球的温度不到沸点的话,这种不准确的原因也仍然存在,因为在这种情形之下,水还没有完全汽化,但空气将随着温度的上升而吸收越来越多的水气,从而使该空气的体积,除了因热而增加外，还因吸收这水汽而越来越大的增加。"

盖·吕萨克努力使各种实验气体充分干燥，从而得出了气体热膨胀系数的相同数值。他写道，这些实验"是我以最大的细心进行的，它们清楚地表明，大气层中的空气、氧气、氢气、氮气、蒸气、氨气在相同的温度提升下同样均匀地膨胀，我能够得出这个结论：一般地说，所有的气体都会以同样的比例发生热膨胀。"

冷热的标尺——温度

温度是表示物体冷热程度的物理量，微观上来讲是表示物体分子热运动的剧烈程度。温度只能通过物体随温度变化的某些特性来间接测量，而用来量度物体温度数值的标尺叫温标。它规定了温度的读数起点（零点）和测量温度的基本单位。目前国际上用得较多的温标有华氏温标（℉）、摄氏温标（℃）、热力学温标（K）和国际实用温标。

温度是用来表示物体冷热程度的物理量。从分子运动论观点看，温度是物体分子平均平动动能的标志。温度是大量分子热运动的集体表现，含有统计意义。对于个别分子来说，温度是没有意义的。

大气层中气体的温度是气温，是气象学常用名词。它直接受日射所影响：日射越多，气温越高。

经典热力学中的温度没有最高温度的概念，只有理论最低温度"绝对零度"。热力学第三定律指出，"绝对零度"是无法通过有限次步骤达到的。在统计热力学中，温度被赋予了新的物理概念——描述体系内能随体系混乱度（熵）变化率的强度性质热力学量，由此开创了"热力学负温度区"的全新理论领域。

通常我们生存的环境和研究的体系都是拥有无限量子态的体系，在这类体系中，内能总是随混乱度的增加而增加，因而是不存在负热力学温度的。而少数拥有有限量子态的体系，如激光发生晶体，当持续提高体系内能，直到体系混乱度已经不随内能变化而变化的时候，就达到了无穷大温度，此时再进一步提高体系内能，即达到所谓"粒子布居反转"的状态下，内能是随混乱度的减少而增加的，因而此时的热力学温度为负值！但是这里的负温度和正温度之间不存在经典的代数关系，负温度反而是比正温度更高的一个温度！经过量子统计力学扩充的温标概念为：无限量子态体系，正绝对零度＜正温度＜正无穷大温度；有限量子态体系，正绝对零度＜正温度＜正无穷大温度＝负无穷大温度＜负温度＜负绝对零度。正、负绝对零度分别是有限量子态体系热力学温度的下限和上限，均不可通过有限次步骤达到。

温度的标尺——温标

温标是温度的"标尺"，温标就是按照一定的标准划分的温度标志，就像测量物体的长度要用长度标尺——"长标"一样，是一种人为的规定，或者叫做一种单位制。规定温标是比较复杂的，不能像确定长标那样，在温度计上随便定出刻度间隔。我们首先要确定选择什么样的物质（是水银，还是氢气或是电偶），这些物质的冷热状态必须能够明显地反映客观物体（欲测物体）的温度变化，而且这种变化有复现性（这一步叫选择"测温质"）。其次，要知道该测温质的哪些物理量随着温度的改变将产生某种预期的改变（这一步叫确定"测温特性"）。比如，水银温度计是用水银做测温质，水银的体积随温度做线性变化，这就是水银这种测温质的测温特性。第三，要选定该物理量的两个确定的数值作为参考点（也叫基准点），进而规定划分温度间隔的方法。

华伦海特（G. D. Fahrenheit）最初所制的水银温度计是在北爱尔兰最冷的某个冬日，水银柱降到最低的高度定为零度，把他妻子的体温定为 100 度，然后再把这段区间的长度均分为 100 份，每一份叫 1 度。这就是最初的华氏温标。显然，认定气温和人的体温作为测温质的标准点并在此基础上分度是不妥当的。健康人的体温在一天之中经常波动，而且他妻子如果感冒发烧了怎么办？后来，华伦海特改进了他创立的温标，把冰、水、氯化铵和氯化钠的混合

华伦海特

物的熔点定为零度，以 0°F 表示之，把冰的熔点定为 32°F，把水的沸点定为 212°F，在 32～212 的间隔内均分 180 等份，这样，参考点就有了较为准确的客观依据。这就是现在仍在许多国家使用的华氏温标，华氏温标确定之后，就有了华氏温度（指示数）。

后来摄耳修斯（A. Celsius）也用水银做测温质，以冰的熔点为零度（标以 0℃），以水的沸点为 100 度（标以 100℃）。他认定水银柱的长度随温度做线性变化，在 0 度和 100 度之间均分成 100 等份，每一份也就是每一个单位叫 1 摄氏度。这种规定办法就叫摄氏温标。

华氏温度计和摄氏温度计使用的是同种测温质（水银），利用了同样的测温特性（水银柱热胀冷缩）。但由于规定的标准点和分度单位不同，就造成了两种不同的温标，从而产生了两种不同的温度的数值。

如果选定的标准点相同，但使用了不同的测温质，那么所定出的温标也不会是完全一致的，因为它们的物理性质随温度的改变在不同的范围内可能不同。

不管是用什么温度计测定温度，都不过是反映了测温质的特性，而且还夹杂着温度计结构的影响。例如，水银温度计的玻璃泡和毛细玻璃管都将因为是否含钠或是含钾或是同时含有钠、钾而使其零点位置发生变化。因此，任何温度计都不能测定物体的真正温度。由于测温物质和测温特性的选取不同，参考点和分度方法的选择不同，故可以有各式各样的温标。

为了结束温标上的混乱局面，开尔文——这位热力学第二定律的创始人，最受尊敬的物理学家，创立了一种不依赖任何测温质（当然也就不依赖任何测温质的任何物理性质）的绝对真实的绝对温标，也叫开氏温标或热力学温标。

开氏温标是根据卡诺循环定出来

开尔文

的，以卡诺循环的热量作为测定温度的工具，即热量起着测温质的作用。正因为如此，我们又把开氏温标叫做热力学温标。卡诺循环描绘了理想热机的基本图案，具有巨大的理论意义。卡诺循环像迷雾中的灯塔，给出了热机效率的上限。

零摄氏度和绝对零度

在日常生活和生产技术中，人们常常用温度计来测量一个物体的温度。例如，医生用体温计测量病人的体温，体温计就是温度计的一种。那么，温度计上的温度是怎样确定的呢？仔细观察一下体温计就可以发现，体温计中有一根很细的水银柱，这根水银柱称为测温物质。当体温计接触病人口腔时，水银柱就会因病人口腔中的温度产生膨胀，因此，水银柱的长度就可以用来表示口腔的温度。此外，水银柱旁边还必须标有度数，才能确切地给出温度的值。有刻度，首先得有起始的位置。选定测温物质、确定起始度、标出刻度，这三个要素就组成了温度计对温度的定量表示法，这种表示法称为温标。

摄氏温标是目前较常用的一种温标，由此制作的温度计就是摄氏温度计，体温计是摄氏温度计的典型例子。在摄氏温度计中，取水的冰点作为起点，这就是零摄氏度，写作 0℃；取水的沸点为 100 摄氏度，写作 100℃。再将 0℃ 和 100℃ 之间的水银柱高度分为 100 等份，每一格就是 1℃。

热力学温标是一种不依赖测温物质或测温特性的国际通用温标，由它确定的温度称为热力学温度，单位用 K 表示。1990 年，国际温标规定，水的三相点温度为热力学温度 273.16K。为什么规定这个数字而不是别的数字呢？原来，18～19 世纪时，物理学家从实验中发现，一定量的气体在体积不变时，温度每降低 1℃，压强就减少当前温度时压强的 1/273.16；而在压强不变时，温度每降低 1℃，体积又会减少 0℃时压强的 1/273.16，由此可以推算出，当温度从 0℃ 开始下降到 -273.15℃ 时，就可以定出热力学温标的零点，即绝对零度。

在现代社会中，低温技术正在得到广泛的应用。例如人们利用家用电冰箱来贮存食物，电冰箱中的温度一般可以达到 -20℃～-15℃。在科学研究中也需要低温，而且是很低的低温，例如只有在 -200℃ 的条件下，科研人员才能获得超导体。

随着低温技术的发展，人们一次又一次地向低温世界进军，向越来越低的温度逼近。目前，人们已获得的低温纪录是 10K，而且，不断向极低温开拓的探索步伐还在前进。这样就自然引出了一个问题，人们能达到热力学温标的 0K，也就是能达到绝对零度吗？

早在几十年前，科学家通过大量实验得出了一个普遍结论，即绝对零度是不可能达到的，或者说不可能施行有限的过程把一个物体制冷，直至达到绝对零度，这个结论称为热力学第三定律。

热力学第三定律是总结大量实验结果而归纳得出的定律，它是普遍适用的。为什么绝对零度是不可能达到的？科学家已证明，绝对零度本来就不是一个实际的温度，它是对实际降温过程的一个推论。从理论上讲，这个推论出来的温度是任何物体都能达到的低温的极限。从实际上看，人们可以通过种种努力接近绝对零度，但不能达到绝对零度。

温度的测量

18 世纪是热学的真正开端，首先是计温学在这一时期迅速地发展起来。尽管伽利略、盖利克、让·莱伊以及西门图学院的院士们已在 17 世纪发明了第一批验温器并不断做了改进，但它们仍不便于得出定量测定的结果，不同验温器中的不同测温质、不同固定点以及刻度的随意性等，使这些验温器只适于对该处温度涨落作相对的估计。

出生于巴黎的阿蒙顿，先后独立研究过天体力学、物理学、数学、建筑学。他早年失聪，这给他的生活带来诸多不便，也使他无法确定职业。但阿蒙顿并没有为这个不幸而感到痛苦万分和悲观失望，他认为能不能听到声音都无法阻挡他从事心爱的研究工作，他甚至乐观地从这不幸中看到了有幸的成分，因为可以不受外界干扰，而专心致志地从事实验研究。

1703 年，阿蒙顿提出了气体测温计的一个有趣的结构，这是一个外形呈 U 形的固定体积的温度计，主要利用空气的压强来测量温度。

阿蒙顿在 U 形玻璃管的较短的一臂上连接一个空心玻璃球，较长的一臂长 114 厘米（45 英寸），将水银注入 U 形管中并进入玻璃球的下部。测温时使水银始终保持球内空气的体积不变，而用两边水银面的高度差——球内定容气体的压强与大气压强之差来量度温度。

人类探索热学之路

  阿蒙顿将玻璃球先放入冰中，然后再放入沸水中，记下了这两种情形下的水银面的差值（以英寸为单位），并假定玻璃球内空气的压强正比于温度而变化，从而使他能够依据长臂中水银面的位置来确定任意温度。

  但是，由于阿蒙顿只选择了水的沸点作为一个固定点而并不了解水的沸点受大气压的影响，所以他的温度计并不十分准确；加之这种温度计的结构，用于实际目的也不方便，所以还不是实用的温度计。

  在计温学的发展史上，第一只实用的温度计是由德国迁居荷兰的玻璃工匠华伦海特于1709年开始制造的。华伦海特迁居荷兰后，学习和掌握了制作玻璃器皿的技术，成为一个气象仪器制造商。1708年，他到丹麦首都哥本哈根旅行，看到了罗默制作的温度计。回到荷兰后，他就开始制作罗默温度计。在了解到阿蒙顿利用水银制造的温度计后，华伦海特也改用水银代替酒精，并开始研究温度计的精密结构。

  华伦海特制造实用的温度计深受阿蒙顿工作的影响，这从他提交给《哲学学报》的一篇论文中充分地反映出来。华伦海特写道："我从巴黎皇家学会出版的《科学史》获悉，著名的阿蒙顿曾用自己发明的温度计发现水能在某一固定温度下沸腾的原理。我心中立即产生了一种愿望，很想自己做一个类似的温度计，能亲眼看到那瑰丽的自然现象并证实他的实验的正确性。"

  然而制造出实用的温度计虽不是一件易事，却是一件十分迫切需要的事。当时，荷兰的阿姆斯特丹市出现了少有的严寒，几乎每条街面上都是皑皑白雪。

  华伦海特家来了两位老人，一进屋就发生了争论。一位说："即使年岁再大的老人也不记得有过这样的严寒了。"另一位则不服气地说："可是到底谁知道今年是不是最冷呢？很可能，几百年前的冬天要比我们今年的冬天还要冷呢？要是我们不在人世的话，不知道今后是什么情况呢？"此时，年仅23岁的华伦海特也加入到争论中来。他目光炯炯，颇动感情地说："我找到了一个办法，有了这个办法，在许多年之后，我们的子孙们可以说出到底哪个冬天最冷了。"

  两位老人都笑了起来，异口同声地问："你有什么好办法呢？"华伦海特很有礼貌地站起身，用手向外一指，说："请原谅，到我的小工厂去参观一下吧！"两位老人随华伦海特向一所房子走去。他们所见到的东西使他们大为吃惊。一个很大的熔铁炉占去了大半个房间，炉旁是成堆的大大小小的管子、一个小熔炉以及许多五花八门的玻璃仪器。

华伦海特把老人领到桌前，桌上摆着一些器皿，器皿上安装着一些细高细高的、底部封闭的玻璃管。管子里有的装着带色的酒精，有的则装着水银。"请看！"华伦海特用手摸着一个小管子说，"我在这根玻璃管里充满了酒精。"他用手指着另一个小管子说，"在这根管子里注入了水银。"华伦海特继续说，"请注意，在这两个管子上都有刻度。当我把这两个管子浸到热水里时，酒精或水银都会升高。而我标定 0 点的地方是我把管子浸在冰、水、氯化铵的混合液体里时，酒精和水银停止的地方，这是我所能得到的最低温度。因此，我认为即使是最寒冷的冬天，温度也可用这些温度计表示出来。"

"不可思议！"其中一位老人耸了耸肩，"怎么能拿玻璃皿里的冷与上天安排来折磨整个世界的严冬相比较呢？"

"可以比较，可以！"华伦海特一点儿也不让步，"温度计中的酒精或水银是活动的，将温度计放在室外可以显示温度的变化。酒精或水银柱的高度在冬天比夏天要低，没有一个冬天能使酒精或水银下降到像在这个混合液里一样低。"……

华伦海特送走了两位老人，继续进行温度计的研究。1724 年，他在皇家学会的刊物《哲学学报》上发表了制造温度计的方法，即发表了关于实用温度计的第一篇论文。他那时所设计的温度计选用了两个固定点：结冰的盐水混合物的温度和人体血液的温度，并把它们之间的间隔分为 96 度。在华伦海特后来发表的论文中，他又采取了不同的刻度法，其中最后一个刻度法后来以他的名字命名。这个刻度法规定了三个固定点：冰、水和氯化铵的混合温度；冰、水混合温度；水的沸点。

当华伦海特的温度计被荷兰人和英国人采用时，其他国家却迟迟看不到它的价值。而法国博物学家列奥米尔为了消除刻度不一致的困难，致力于制造一个既方便又能达到精确要求的温度计。他只取一个定点，即雪的熔点为 0°，而把酒精体积改变 1/100 的温度变化作为 1°，这样水的沸点就为 80°。

但是，列奥米尔温度计的实用效果并不很好，各种各样难以置信的读数都被显示出来。1742 年，瑞典天文学家摄耳修斯在《对一个寒暑表上两个固定点的观察》一文中引入了百分刻度法。他用水银作测温质，研究了雪的融化点和水的沸点与大气压力的关系。在进行这个试验时,他将温标上这两个点之间分成一百个格并把水的沸点定为 0°,冰的熔点定为 100°。后来他接受同事斯特雷姆的建议,也可能受到植物学家林耐的提醒,把这两个定点的标度值对调过来。

以上各种温度计中,摄氏温度计较实用、方便。1948 年第 9 届国际计量大会,把百分刻度法定名为摄氏温标。它有两个定点:纯水在标准大气压下的沸点,冰在标准大气压下与由空气饱和的水相平衡时的熔点。1960 年第 11 届国际计量大会决定,把水的三相点温度作为热力学温标的单一定点,并定为 273.16K。

标准大气压

标准大气压,是压强的单位,是指在标准大气条件下海平面的气压,其值为 101.325kPa。标准大气压值的规定,是随着科学技术的发展,经过几次变化的。最初规定在摄氏温度 0℃、纬度 45°、晴天时海平面上的大气压强为标准大气压,其值大约相当于 760mm 汞柱高。后来发现,在这个条件下的大气压强值并不稳定,它受风力、温度等条件的影响而变化。于是就规定 760mm 汞柱高为标准大气压值。但是后来又发现 760mm 汞柱高的压强值也是不稳定的,汞的密度大小受温度的影响而发生变化。

为了确保标准大气压是一个定值,1954 年第十届国际计量大会决议声明,规定标准大气压值为 101.325kPa。

量热学的发展之路

混合量热问题

广泛存在的热传递现象,使人们很自然地产生了一种直觉的猜测:在冷热程度不同的物体之间,似乎总有某种"热流"从较热的物体向较冷的物体传递，从而引起物体冷热状态的变化。在蒸汽机的研制中遇到的汽化、凝结现象以及冶金、化学工业中涉及的燃烧、熔解、凝固等过程中引人注目的吸热、放热现象，也关系到"热流"的传递。对这种"热流"进行定量的测量和计算，是对热现象进行精确的实验研究所必须解决的问题。因此，从18世纪中叶开始，在热学领域内逐渐发展起了"量热学"这个新的分支。

在量热学中最早期的工作是研究具有不同温度的液体混合之后的平衡温度问题。这个问题在今天看来自然是十分简单的，但是在18世纪前半叶，它却使一些很有才华的科学家陷入惶惑和重重矛盾之中。困难的根源在于要把描述热现象的两个最基本的概念——温度和热量这两个概念明确地区别开来，这并不是很容易做到的。

经过大量的研究工作，人们制造出了愈来愈精确的温度计，并在医学、热学和气象学的研究方面获得了广泛的应用。温度计的发明使准确地测定物体的冷热程度以冷热变化的幅度成为可能，无疑把人类对热的认识大大推进了一步。但是，温度这个物理量反映着热的什么本质呢？在当时的人们看来，物体的冷热程度理所当然地应该反映出物体所含有的热的多少。所以，人们确信温度计测量的就是"热量"。在当时的一些科学著作中，不难找到这类表述：物体"具有多少度热"，物体"失去了多少度热"；在温度计上显示不同度数的物体"它们原来的热都各不相同"。

荷兰莱登大学的医学和化学教授波尔哈夫就是从这种观点出发来考察混合量热问题的。在他看来，一定量的物体温度每升高一度时都应当吸收相同数量的热，这个数值同它每降低一度时放出的热必然相等。波尔哈夫同华伦海特一起试图用实验来证实这个猜想。他们把$40°F$的水和等体积的$80°F$的水相混合，测出混合后的水的温度恰好是平均值$60°F$，表明冷水所吸收的热和增加的温度，恰恰等于热水所放出的热和降低的温度，这同他们预期的结果完全一致。波尔哈夫由此断言："物体在混合时，热不能创造，也不能消灭"，这是混合量热中热量守恒的思想。

这个实验结果使波尔哈夫确信，同体积的任何物体，在温度相同的情况下都含有同样数量的热；在相同的温度变化下，它们吸收放出的热也应当一样。但是，当他们用不同温度的水和水银的混合实验来检验这个推断时，却得到了否定的结果。他们将$100°F$的水和等体积的$150°F$的水银相混合，混合后的温度是 120°F，而不是预期的中间值 125°F。这个结果表明，等体积的水和水银温度发生相等的改变时，热的变化是不一样的，这个事实是波尔哈夫所无法解释的，所以称为"波尔哈夫疑难"。

潜热的发现

由于布莱克等人区分了热量和温度两个概念，并引入了热容量和比热概念，正确的混合量热公式和几个物体进行热混合时热量总量保持不变的观念终于建立起来。但是，随着量热学的进一步研究，人们发现前面所述混合量热公式并不总是适用的；在某些热学过程中，部分热量似乎"失掉"了。

我们知道，在通常情况下，物质的存在形式有三种状态，即固态、液态和气态。在一定条件下，物质可以从一种状态转变为另一种状态。这种物态变化在物理学上称为"相变"。在我们居住的地球上，水的三态变化很容易实现，所以物态变化是人们早就熟悉的现象。

人们在研究相变时，发现了一个奇特的现象。

1754 年冬天，德留克在巴黎做实验时，把温度计插入装有水的容器中，待水完全凝固成冰后，将容器放到微火上慢慢加热。德留克发现，起先，温度示数缓缓上升；但当冰开始融化时，虽然继续加热，温度示数却保持不变，直到冰完全溶解后，温度示数才重新缓缓上升。那么，在这段时间内冰所吸收的热量到哪里去了呢？德留克设想，热量必是以某种形式被束缚起来了。他又以适量的水和冰混合起来进行实验，得到了同样的结果，即一部分热量似乎"消失"了。

在德留克的发现发表之前，布莱克也独立地做了类似的实验。他把 32°F 的冰块与相等重量的 172°F 的水相混，结果发现，平均温度不是 102°F，而是 32°F，其效果只是冰块全部融化为水。布莱克由此作出结论：冰在溶解时，需要吸收大量的热量，这些热量使冰变成水，但并不能引起温度的升高。他还猜想到，冰溶解时吸收的热量是一定的。为了弄清楚这个问题，他把实验反过来，即观测水在凝固时是否也会放出一定的热量。他把 −4℃ 的过冷却的水不停地震荡，使一部分过冷却水凝固为冰，结果温度上升了；当过冷却水完全凝固时，温度上升到 0℃，表明水在凝固时确实放出了热量。进一步的大量实验使布莱克发现，各种物质在发生物态变化（熔解、凝固、汽化、凝结）

时，都有这种效应。他曾经用玻璃罩将盛有酒精的器皿罩住，把玻璃罩内的空气抽走，器皿中的酒精就迅速蒸发，结果在玻璃罩外壁上凝结了许多小水珠。这说明液体（酒精）蒸发时要吸收大量的热，因而使玻璃罩冷却了，外壁上才凝结了水珠。

布莱克用一个很简单直观的办法来测定水汽化时所需要的热量。他用一个稳定的火来烧1千克0℃的水，使水沸腾，然后继续烧火，直至水完全蒸发掉。他测出使沸腾的水完全蒸发所烧的时间，为使水由0℃升温到沸腾所烧的时间的4.5倍，表明所供热量之比为100:450。这个实验当然是很粗糙的，所测的数值也有很大的误差；现在的测定表明这个比值为100:539。布莱克还用类似的方法测出，溶解一定量的冰所需要的热量，和把相同重量的水加热140°F所需要的热量相等（相当于加热77.8℃所需要的热量），这个数值也偏小了一点，正确的数值为143°F（相当于80℃），但在当时，这种测量结果是很难得的。

布莱克由此引入了"潜热"概念。他认为，物体在发生状态变化时，物质的微粒和热流之间会发生某种化学作用。例如，一定量的热同冰块内部微粒相结合时，就会使冰微粒的结构松散，使冰融化为液体；同样，一定量的热同沸水中的微粒相结合，就会进一步使微粒的结构松散而变成蒸汽。在发生这种变化时，一部分原来是"活动的热"就变成"化合状态的热"而"潜藏起来"，不再显示引起物体温度升高的热效应；当这个准化学作用沿相反方向进行（凝结、凝固）时，这些热又会重新分解出来，所谓"潜热"，就是可以"隐藏的热"。

潜热的发现，使"热量守恒"的观念进一步得到证明；但同时也明确了，前述混合量热公式并不适用于冰水混合的情况。当然，按照现代的观点，并不存在什么"潜热"，而是在相变过程中发生了能量形式的转换，即热这种形式的能转变为物质粒子间的势能，这就是"熔解热"和"汽化热"的实质。

拉普拉斯量热器

1783年，法国化学家拉瓦锡和物理学家拉普拉斯一起，研究了燃烧热和比热问题。他们对比热概念下了非常明确的定义，在论文中写道："质量相同温度相同的两种物质，要使它们的温度升高同一数值，所需的热量是不同的。假如把单位质量的水温升高1℃所需的热量作为标准，那么具有一定质量的其他任何物质，在升高一定温度时所吸收的热量，就可以用这一标准的若干倍来表示。"

拉瓦锡和拉普拉斯根据布莱克的潜热理论并仿照布莱克和维尔克用的冰溶解的方法，设计了一个冰量热装置。他们把0℃的冰做成一个中空的冰球，球内放入具有一定温度（高于0℃）的物体，并尽量使整个装置与外界绝热。球内物体的温度会慢慢下降，球内壁的冰也慢慢溶解，直到球内物体的温度降到0℃，物体的温度就达到稳定，球内的冰也不再融化。这时只要测知融化的水的质量，便可计算出物体从原来的温度降到0℃所放出的热量，这个热量等于这些水由冰熔溶时所吸收的热量（熔解潜热）。由物体的质量便可很容易地计算出它的比热。

这个装置经进一步的改进，现在被称为拉普拉斯冰量热器，它的原理是很简单的，只包含冰溶解过程（因而要考虑熔解潜热）的混合量热问题。他们利用这种方法，测定了一些物质的比热。

在测定气体的比热时，他们让一定量的被测气体流过冰量热器，测出气体进入和流出量热器时的温度以及融化的水，就可以计算出气体的比热。

拉瓦锡和拉普拉斯还利用这套装置，测量了物质化学反应中放出的热量以及物体燃烧和动物呼吸所散发的热量。在测定燃烧热和动物呼吸热时，他们把被燃物或动物放在冰球内。但是，无论是燃烧还是呼吸，都需要外界的空气，即冰球必须与外界有空气通路，这就会引起测量误差。为了消除这一误差，他们把空气预先冷却到冰室的温度，然后再输入冰球。他们用这种方法测得：

1磅磷燃烧放出的热量能融化100磅冰；

1磅木炭燃烧放出的热量能融化96磅冰；

1磅橄榄燃烧放出的热量能融化148磅冰。

这些数据的误差是较大的。但是，拉瓦锡却用这个方法比较了烛焰和动物呼吸所放出的热量与放出的二氧化碳之比，发现这两个比值近似相等，这对于弄清动物热的来源和呼吸的本质有着重要作用。拉瓦锡的这个研究结果，对于能量转化与守恒定律的建立，也具有重要的启发意义。

热与机械运动的转换

蒸汽机的革命

十六七世纪以来,随着工厂手工业的发展,煤逐渐代替了木材而成为主要燃料,从而推动了煤矿的开采。为了解决矿井的排水问题,各个矿山都要养许多马,用马轮番拖动排水泵。17世纪初,英国一些矿山养马达500匹以上,这是既麻烦又费钱的,于是就刺激人们提出利用蒸汽动力的要求。

实际上,在我国古代和古希腊都曾经出现过把热能转化为机械能的小型装置。公元前,亚历山大里亚的赫隆就是把蒸汽作为动力制成他的"小涡轮"。旋转空心球上装有对称的两个弯管喷口,进入球中的蒸汽由方向相反的两个喷口射出,球就绕轴旋转。当时人们只是用这种装置来做游戏耍乐。到了16世纪以后,人们才从生产需要出发先后设计和研制出蒸汽动力装置。

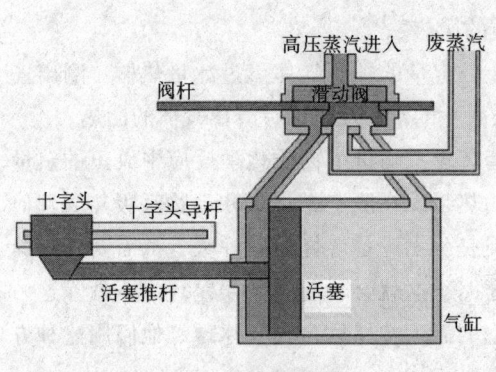

蒸汽机结构图

1696年,英国矿山技师托马斯·萨弗里提出一种被称为"矿工之友"的蒸汽水泵。它是由蒸汽锅炉、汽缸、冷水箱、抽水管和排水管组成。抽水时是依靠汽缸内蒸汽冷凝的真空吸力,排水时靠锅炉内蒸汽的压力。这个机器的所有阀门都是由人力来控制操作的。它的热损失大,运行可靠性很低,工作起来速度很慢;同时由于需要高压蒸汽,锅炉和管道常常漏气,还容易发生爆炸。整套装置只有安装在深井内才能工作,一旦发生故障,极易被井水淹没。因此,这种机器没有被广泛采用,不过它的出现已经是了不起的技术发明。

在这之前,曾做过惠更斯助手的法国人丹尼斯·巴本,受到惠更斯研究的"火药机械"的启发,产生了用蒸汽代替火药作为动力的想法,于1690年

人类探索热学之路

制成了一具有汽缸和活塞的实验性蒸汽机。水在汽缸内直接被加热变成蒸汽，推动活塞上升；在活塞到达顶点时，再向汽缸内喷水，蒸汽凝结而降低压强，活塞就下降。

巴本的研究报告使英国的托巴斯·纽可门受到很大启发，在英国皇家学会的鼓励下，纽可门研究了萨弗里和巴本设计的简单的蒸汽机，1705年发明了自己的大气压力式蒸汽机，并于1712年应用于矿井排水和农田灌溉。纽可门的蒸汽机结构：封闭的圆筒式汽缸里的活塞，系于摇杆的一头，摇杆的另一头连接着排水泵。蒸汽借助水泵连杆的重量推动汽缸内活塞上升，切断蒸汽后，向汽缸内喷入冷水，蒸汽冷凝，活塞下降，于是摇杆带动水泵抽水，由于它可以通过摇杆将蒸汽动力传给其他工作机，并不只限于抽水，所以它是一个广义上的把热转变为机械力的原动机，是蒸汽机发展史上的一次重大突破。但是，这种机器仍然有耗煤量大、动作慢、效率低、较笨重等缺点，而且只能做往复直线运动，限制了它的应用。

蒸汽机的革命是由詹姆斯·瓦特完成的。瓦特自幼就在他父亲的熏陶下培养了器械制造的才能，20岁时到伦敦学会了制造船舶器械的工艺。1760年，他在格拉斯哥大学开设一间修理店，修理各种仪器。他在修理纽可门机的过程中熟悉了它的结构并了解了它的缺点。瓦特把纽可门机的耗煤情况告诉了格拉斯哥大学教授布莱克，布莱克则用他发现的量热学原理解释了纽可门机耗煤量过大的道理。他指出，纽可门机有相当大的热量和时间的浪费，原因是冷凝系统和汽缸合为一体，活塞在完成每一次冲程时，汽缸都必须冷却一次；在下一个冲程时，又要通入蒸汽重新加热汽缸和活塞，所以大量的热量（燃料）白白地浪费了。在布莱克的启发下，瓦特开始去寻找一个克服这个缺陷的办法。

瓦特在汽缸外面单独装上一个冷却废气的冷凝器，从而使汽缸始终保持在高温状态。1769年，瓦特终于制成了单向作用的新蒸汽机，它比功率相同的纽可门机省煤3/4左右，这当然是十分明显的优点。瓦特的这一成就，是自觉地应用当时的热学理论指导实践的结果，显示了科学理论的作用。

瓦特没有在这个成绩面前止步，他看到由于蒸汽只从一面推动活塞，仍然造成了燃料和时间的浪费。能不能让蒸汽从两面交替地推动活塞呢？这个想法在1782年实现了。这种双向作用的蒸汽机的汽缸在活塞的两侧是密闭

詹姆斯·瓦特

的，活塞上下的空间利用阀门轮流与蒸汽输入管道以及排气管道接通，使活塞以更大的动力做往复运动。后来瓦特利用一种特殊形式的齿轮传动机构，把活塞的直线运动转变为旋转运动，使这种动力机有了广泛的用途。瓦特还在机器上装上飞轮和离心式调节器，使蒸汽机在发生颤动和负载变化时仍能保持稳定转动。第一批双向作用的蒸汽机的功率为20～50马力（1马力=0.735千瓦），燃料消耗只及同样功率的纽可门机的1/7。这立即吸引了雇主的兴趣，很快就在英国的纺织、采矿、冶金和交通等方面得到广泛应用，而且被输出到欧美其他国家。

19世纪中期，蒸汽机得到了进一步的改进，高压蒸汽机也被制造出来，其功率达到3万马力以上。这时，无数烟囱的黑烟，宣告了蒸汽时代的来临！蒸汽技术的成就，为热转化为机械运动作出了令人信服的证明，从古代发现的摩擦生热开始，到蒸汽机的出现，热与机械运动的转化完成了一个循环。因此，蒸汽机的发明和应用，为能量守恒原理的确立提供了一个重要的前提。

热与动力转化的机器——内燃机

内燃机是一种动力机械，它是通过使燃料在机器内部燃烧，并将其放出的热能直接转换为动力的热力发动机。

广义上的内燃机不仅包括往复活塞式内燃机、旋转活塞式发动机和自由活塞式发动机，也包括旋转叶轮式的燃气轮机、喷气式发动机等，但通常所说的内燃机是指塞式内燃机。

活塞式内燃机以往复活塞式最为普遍。活塞式内燃机将燃料和空气混合，在其气缸内燃烧，释放出的热能使气缸内产生高温高压的燃气。燃气膨胀推动活塞做功，再通过曲柄连杆机构或其他机构将机械功输出，驱动从动机械工作。

常见的有柴油机和汽油机，将内能转化为机械能，是通过做功改变内能。

内燃机的发展历史

19世纪中期，科学家完善了通过燃烧煤气、汽油和柴油等产生的热转化机械动力的理论。这为内燃机的发明奠定了基础。活塞式内燃机自19世

内燃机

纪60年代问世以来，经过不断改进和发展，已是比较完善的机械。它热效率高、功率和转速范围宽、配套方便、机动性好，所以获得了广泛的应用。全世界各种类型的汽车、拖拉机、农业机械、工程机械、小型移动电站和战车等都以内燃机为动力。海上商船、内河船舶和常规舰艇，以及某些小型飞机也都由内燃机来推进。世界上内燃机的保有量在动力机械中居首位，它在人类活动中占有非常重要的地位。

活塞式内燃机起源于用火药爆炸获取动力，但因火药燃烧难以控制而未获成功。1794年，英国人斯特里特提出从燃料的燃烧中获取动力，并且第一次提出了燃料与空气混合的概念。1833年，英国人赖特提出了直接利用燃烧压力推动活塞做功的设计。

之后人们又提出过各种各样的内燃机方案，但在19世纪中叶以前均未付诸实用。直到1860年，法国的勒努瓦模仿蒸汽机的结构，设计制造出第一台实用的煤气机。这是一种无压缩、电点火、使用照明煤气的内燃机。勒努瓦首先在内燃机中采用了弹力活塞环。这台煤气机的热效率为4%左右。

英国的巴尼特曾提出将可燃混合气在点火之前进行压缩，随后又有人著文论述对可燃混合气进行压缩的重要作用，并且指出压缩可以大大提高勒努瓦内燃机的效率。1862年，法国科学家罗沙对内燃机热力过程进行理论分析之后，提出提高内燃机效率的要求。

1876年，德国发明家奥托运用罗沙的原理，研制成功第一台往复活塞式、单缸、卧式、3.2千瓦（4.4马力）的四冲程内燃机，仍以煤气为燃料，采用火焰点火，转速为156.7转/分，压缩比为2.66，热效率达到14%，运转平稳。在当时，无论是功率还是热效率，它都是最高的。

奥托

奥托内燃机获得推广，性能也在提高。1880年单机功率达到11～15千瓦（15～20马力），到1893年又提高到150千瓦。由于压缩比的提高，热效率也随之增高，1886年热效率为15.5%，1897年已高达20%～26%。1881年，英国工程师克拉克研制成功第一台二冲程的煤气机，并在巴黎博览会上展出。

随着石油的开发，比煤气易于运输携带的汽油和柴油引起了人们的注意，首先获得试用的是易于挥发的汽油。1883年，德国的戴姆勒研制成功第一台立式汽油机，它的特点是轻型和高速。当时其他内燃机的转速不超过200转/分，它却一跃而达到800转/分，特别适应交通运输机械的要求。1885～1886年，汽油机作为汽车动力机运行成功，大大推动了汽车的发展。同时，汽车的发展又促进了汽油机的改进和提高。不久汽油机又用做了小船的动力。

1892年，德国工程师狄塞尔受面粉厂粉尘爆炸的启发，设想将吸入气缸的空气高度压缩，使其温度超过燃料的自燃温度，再用高压空气将燃料吹入气缸，使之着火燃烧。他首创的压缩点火式内燃机（柴油机）于1897年研制成功，为内燃机的发展开拓了新途径。

狄塞尔开始力图使内燃机实现卡诺循环，以求获得最高的热效率，但实际上做到的是近似的等压燃烧，其热效率达26%。压缩点火式内燃机的问世，引起了世界机械业的极大兴趣，压缩点火式内燃机也以发明者而命名为狄塞尔引擎。

这种内燃机以后大多用柴油为燃料，故又称为柴油机。1898年，柴油机首先用于固定式发电机组，1903年用做商船动力，1904年装于舰艇，1913年第一台以柴油机为动力的内燃机车制成，1920年左右开始用于汽车和农业机械。

早在往复活塞式内燃机诞生以前，人们就曾致力于创造旋转活塞式的内燃机，但均未获成功。直到1954年，联邦德国工程师汪克尔解决了密封问题后，才于1957年研制出旋转活塞式发动机，被称为汪克尔发动机。它具有近似三角形的旋转活塞，在特定型面的气缸内做旋转运动，按奥托循环工作。这种发动机功率高、体积小、振动小、运转平稳、结构简单、维修方便，但由于它燃料经济性较差、低速扭矩低、排气性能不理想，所以还只是在个别型号的轿车上得到采用。

柴油机

内燃机的组成

活塞式内燃机的组成部分主要有曲柄连杆机构、机体和气缸盖、配气机构、供油系统、润滑系统、冷却系统、起动装置等。

气缸是一个圆筒形金属机件。密封的气缸是实现工作循环、产生动力的源地。各个装有气缸套的气缸安装在机体里，它的顶端用气缸盖封闭着。活塞可在气缸套内往复运动，并从气缸下部封闭气缸，从而形成容积规律变化的密封空间。燃料在此空间内燃烧，产生的燃气动力推动活塞运动。活塞的往复运动经过连杆推动曲轴做旋转运动，曲轴再从飞轮端将动力输出。由活塞组、连杆组、曲轴和飞轮组成的曲柄连杆机构是内燃机传递动力的主要部分。

活塞组由活塞、活塞环、活塞销等组成。活塞呈圆柱形，上面装有活塞环，借以在活塞往复运动时密闭气缸。上面的几道活塞环称为气环，用来封闭气缸，防止气缸内的气体漏泄，下面的环称为油环，用来将气缸壁上的多

活塞式内燃机

余的润滑油刮下，防止润滑油窜入气缸。活塞销呈圆筒形，它穿入活塞上的销孔和连杆小头中，将活塞和连杆连接起来。连杆大头端分成两半，由连杆螺钉连接起来，它与曲轴的曲柄销相连。连杆工作时，连杆小头端随活塞做往复运动，连杆大头端随曲柄销绕曲轴轴线做旋转运动，连杆大小头间的杆身做复杂的摇摆运动。

曲轴的作用是将活塞的往复运动转换为旋转运动，并将膨胀行程所做的功，通过安装在曲轴后端上的飞轮传递出去。飞轮能储存能量，使活塞的其他行程能正常工作，并使曲轴旋转均匀。为了平衡惯性力和减轻内燃机的振动，在曲轴的曲柄上还适当装置平衡质量。

卡诺循环

卡诺循环是由法国工程师尼古拉·莱昂纳尔·萨迪·卡诺于1824年提出的，以分析热机的工作过程。卡诺循环包括四个步骤：等温膨胀，绝热膨胀，等温压缩，绝热压缩。等温膨胀过程中系统从环境中吸收热量；绝热膨胀程中系统对环境做功；等温压缩过程中系统向环境中放出热量；绝热压缩，系统恢复原来状态，在这个过程中系统对环境做负功。

热力学三定律的确立

能量守恒和转化定律的发现

能量守恒定律，又称热力学第一定律：能量既不会凭空产生，也不会凭空消失，它只能从一种形式转化为别的形式，或者从一个物体转移到别的物体，在转化或转移的过程中其总量不变。

热力学第一定律的发现，是在当时工程技术的迫切需要下出现的。在18世纪末19世纪初，随着蒸汽机在生产中的广泛应用，人们越来越关注热和功的转化问题。在1798～1849年间，热动说取代了热素说和热功当量的发现与精确确定的基础上，由于研究热机原理和能量转化守恒关系的迫切需要，在理论和实践条件基本成熟后，热力学第一定律应运而生。

热力学第一定律是迈尔（Mayer）在19世纪早期提出的，中期才被焦耳的实验结果所证明。这一点上焦耳做了大量的实验，历经二十多年，证明热和功之间有一定的转化关系，即热功当量1卡 = 4.18焦耳，1卡热相当于4.18焦耳的功。这为能量守恒与转化定律提供了科学的实验证明。因此，热力学第一定律是人类长期经验的总结，其基础极为广泛，再不需用别的原理来证明，至今无论是宏观世界，还是微观世界中，都未发现过任何例外情况。

迈尔的经历说明，一个新的科学理论要冲破传统理论的束缚，是何等的艰难。然而，真理是压制不住的。就在迈尔苦干自己的理论得不到承认时，英国的焦耳正在进行同样的工作。

焦耳是第一个在广泛的科学实验的基础上发现和证明能量守恒和转化定律的人。

迈尔发现能量守恒和转化定律，主要是用观察和思辨的方法，而焦耳主要用的是实验的方法。

1840年，焦耳多次测量了电流的热效应。焦耳以伏打电池为电源，多次进行通电导体发热的实验。他把通电金属丝放入水中，测出金属丝的电阻、电流强度、通电时间，并测出水的温度变化，还分别算出电流做了多少功。经过多次测定，焦耳发现，通电导体所产生的热量，跟电流强度的平方成正比，跟导体的电阻成正比，跟通电的时间成正比。这就是著名的焦耳定律。1842年，德国物理学家楞次也独立地发现了这一定律，故称焦耳—楞次定律。

焦耳把自己的实验成果写成论文《论伏打电池所产生的热》，提出热是能的一种形式，电能可以转化为热能。焦耳的学术成果和迈尔的成果一样，没有受到应有的重视，遭到权威们的反对，使他的论文不能立即发表。

为了进一步从实验中证实自己的发现，焦耳又进行了各种实验，探讨各种运动形式之间的能量转化关系。

他的实验可分为4类：

（1）将水放在与外界绝热的容器中，通过重物的下落带动桨状叶轮，叶轮搅动水，水温升高；

（2）以机械功压缩气缸里的气体，气缸浸在水中，水温亦升高；

（3）以机械功转动电机，电机产生的电流通过水中的线圈，水温升高；

（4）以机械功使两块在水面下的铁片互相摩擦，水温也升高。

1843年，焦耳根据实验总结出《论水电解时产生的热》，提出无论如何安排仪器，无论电解池装入线路的哪一部分，线路所需的全部热量正好等于电池内的化学变化所提供的热量。在这一年，焦耳完成了热功当量的测定，第一次算出的热功当量为1卡等于460克米。

1843年8月，焦耳在皇家学会于柯克举行的学术会议上宣读了他的论文《论磁电的热量效应和热的机械值》。他介绍了自己的实验，公布了热功当量值，明确论述了能量守恒和转化问题。他的报告的结论是：自然界的力量是不能毁灭的，哪里消耗了机械力，总能得到相当的热。

他的论文是非常精彩的，料想不到的是，并没有得到承认和赞誉，绝大多数人的态度是怀疑，许多权威对焦耳的观点极不信任，甚至是轻蔑的态度。焦耳并没有因为权威们的轻蔑而泄气，继续从事自己的业余研究。1844年，焦耳做了压缩空气升温实验，计算出热功当量为1卡等于443.8克米。他又要求在皇家学会宣读自己的论文，却遭到了拒绝。

焦耳仍然多次反复地做实验，1847年，焦耳做了迄今为止认为是最好的实验，就是在重物的作用下使转动着的桨和水摩擦而产生热。他还用鲸鱼油代替水进行实验。这时测得的热功当量为1卡等于427.4克米。现在公认的热功当量为1卡等于427克米。

可见，焦耳实验所达到的精确程度是罕见的。

1847年6月，焦耳要求在牛津大学举行的学术会议上宣读自己的论文。但是会议主席认为他的论文水平低，以会议内容多为借口不让他宣读，在焦耳的再三要求下，只被允许说说要点。焦耳在会上介绍了自己的实验，并阐明自己的观点。大会主席原来不准备讨论它，但已有较高学术地位的物理学

人类探索热学之路

家威廉·汤姆逊,发现了焦耳理论和传统理论的尖锐对立,激烈反对大会主席的决定,由此焦耳的理论才引起人们的注意和争论。

1849 年,由于电磁感应现象的发现者法拉第的力荐,皇家学会才发表了焦耳的论文《论热的机械当量》。

这样,从 1840 年起,焦耳用机械功生热、电流生热、压缩气体生热等不同的做功方法,进行了 40 多次实验,并以他各种实验结果的精确一致性,为能量守恒和转化定律建立了无可辩驳的坚实的实验基础和理论基础。

英国律师、业余物理学家格罗夫也与焦耳大体同时发现了能量守恒和转化定律。

格罗夫 1811 年生于英国的斯旺西,是一位律师,工作之余进行物理学和化学方面的研究,曾在伏打电池的基础上发明电压比较高的"格罗夫电池"。

他从对电的研究中发现了能量守恒和转化定律,1842 年,他在伦敦做了《关于自然界的各种力之间的关系》的讲演,指出一切物理力:机械力、热、光、电、磁,甚至还有化学力,在一定条件下都可以互相转化,而不发生任何力的消失。1846 年,他出版了《物理力的相互关系》。

马克思称赞格罗夫是当时最有哲学思想的科学家,恩格斯称赞格罗夫用物理学的方法充实和发展了笛卡尔的运动守恒定理。

德国物理学家和生物学家赫尔姆霍兹,通过动物热的研究途径,发现了能量守恒定律。他认为"自然力不管怎样组合,也不可能得到无限的能量","一种自然力如果由另一种自然力产生时,其力的当量不变"。

但赫尔姆霍兹把自然界的一切运动形式最终都归结为机械运动形式和机械力的守恒,用吸引和排斥对一切自然过程做力学解释,不免具有形而上学倾向。

另外,丹麦工程师柯尔丁等人也同时发现或接近发现能量守恒和转化定律。

19 世纪 40 年代初发现的能量守恒和转化定律,是 19 世纪的三大科学成就之一。它被几个不同国家、不同职业的人大体同时发现不是偶然的。19 世纪中期,科学研究开始从 18 世纪的"搜集材料"阶段进入了"整理材料"阶段,是近代科学繁荣昌盛、茁壮成长的时期。技术和科学的相互促进,使得两者都得到了迅速的发展,从而产生了科学的大综合。

当然，在能量守恒定律刚提出时，人们的理解是有历史局限性的。有些人用"力"代替"能"，把各种复杂运动归结为简单的机械运动和"某种力的作用"，从而称为"力的守恒定律"。有些人只强调各种运动形式的能量按照一定的数量关系进行转化，即量的不灭性，而没有说明在质上的永恒性上，忽视了一种运动形式向其他运动形式转化的无限能力。

1853年，汤姆逊在焦耳的协助下，对能量守恒和转化定律做了完整的表述：

从量的方面说，宇宙间物质运动的能量的变化，是按照一定的数量关系有规律地进行的，一种运动形式的能量变化了，必然产生另一种运动形式的能量，而且两者在转化前后的总和不变。

从质的方面说，一切物质的运动形式可以相互转化，物质运动既不能被创造，也不能被消灭。

在发现和研究能量守恒和转化定律的过程中，焦耳和其他人相比更为突出，一是他的发现具有热能、电能、机械能等多种形式之间的相互转化的广泛的实验基础；二是他获得了准确的热功当量数值。因此，常常把焦耳当做发现能量守恒和转化定律的代表人物。

为了纪念这位杰出的物理学家，后人将功、能、热量的国际制单位命名为"焦耳"。

1焦耳等于1牛顿的力使物体在力的方向上移动1米所做的功。

1889年10月11日，焦耳逝世。

19世纪50年代，能量守恒和转化定律逐渐得到科学界的普遍承认。

能量守恒和转化定律是自然界最基本的规律，深刻地反映了世界的物质性和物质运动的统一性。

热力学第二、第三定律

在热力学第一定律之后，人们开始考虑热能转化为功的效率问题。这时，又有人设计这样一种机械——它可以从一个热源无限地取热从而做功。这被称为第二类永动机。1824年，法国陆军工程师卡诺设想了一个既不向外做功又没有摩擦的理想热机。通过对热和功在这个热机内两个温度不同的热源之间的简单循环（卡诺循环）的研究，得出结论：热机必须在两个热源之间工作，热机的效率只取决于热源的温差，热机效率即使在理想状态下也不可能达到 100%，即热量不能完全转化为功。

1850 年，克劳修斯在卡诺的基础上统一了能量守恒和转化定律与卡诺原理，指出：一个自动运作的机器，不可能把热从低温物体移到高温物体而不发生任何变化，这就是热力学第二定律。不久，开尔文又提出：不可能从单一热源取热，使之完全变为有用功而不产生其他影响；或不可能用无生命的机器把物质的任何部分冷至比周围最低温度还低，从而获得机械功。这就是热力学第二定律的"开尔文表述"。奥斯特瓦尔德则表述为：第二类永动机不可能制造成功。

在提出第二定律的同时，克劳修斯还提出了熵的概念 $S = Q/T$，并将热力学第二定律表述为：在孤立系统中，实际发生的过程总是使整个系统的熵增加。但在这之后，克劳修斯错误地把孤立体系中的熵增定律扩展到了整个宇宙中，认为在整个宇宙中热量不断地从高温转向低温，直至一个时刻不再有温差，宇宙总熵值达到极大。这时将不再会有任何力量能够使热量发生转移，此即"热寂论"。

为了批驳"热寂论"，麦克斯韦设想了一个无影无形的精灵（麦克斯韦妖），它处在一个盒子中的一道闸门边，它允许速度快的微粒通过闸门到达盒子的一边，而允许速度慢的微粒通过闸门到达盒子的另一边。这样，一段时间后，盒子两边产生温差。麦克斯韦妖其实就是耗散结构的一个雏形。

1877 年，玻尔兹曼发现了宏观的熵与体系的热力学几率的关系，1906 年，能斯特提出"能斯特热原理"，普朗克在能斯特研究的基础上，利用统计理论指出，各种物质的完美晶体，在绝对零度时，熵为零，这就是热力学第三定律。

热力学三定律统称为热力学基本定律，从此，热力学的基础基本得以完备。

电磁感应

电磁感应现象是指放在变化磁通量中的导体，会产生电动势。迈克尔·法拉第于 1831 年首先发现了感应现象。

电磁感应现象的发现，是电磁学领域中最伟大的成就之一。它不仅揭示了电与磁之间的内在联系，而且为电与磁之间的相互转化奠定了实验基础，为人类获取巨大而廉价的电能开辟了道路，在实用上有重大意义。电磁感应在电工、电子技术、电气化、自动化方面的广泛应用对推动社会生产力和科学技术的发展发挥了重要的作用。

宇宙热寂论的歧途

1842年确立了能量守恒与转换定律，人们认识到热不是流体，不存在"热质"或者"热素"等东西，热是组成物体的大量的粒子无规则运动的宏观表现，热只是能量的一种形式，热和功可以相互转化。

这就向人们提出一个问题，能量守恒与转换定律和卡诺定理之间是否存在矛盾：能量守恒与转换定律指出，能量既不会创生，也不会消灭，只能从一种形式转化为另一种形式。也就是说，功可以转变成热，热也可以转变成功，这不违背能量守恒定律。卡诺定理却向人们表明：热不能全部转变成功，当热量从高温热源流向低温热源时，热不能自动地全部转变成功。由此可见，虽然自然界中违背能量守恒与转换定律的过程不可能发生，但是满足能量守恒与转换定律的过程却并不一定都能实现。

克劳修斯在考察了大量的能量转化现象后，将能量转化分为两类：一类是在没有外界干预，无需任何补偿的情况下，能够自行发生的转变，例如摩擦生热、气体真空膨胀、热从高温热源到低温热源的传递等，克劳修斯将这种类型的转变称为正转变；另一类是必须在外界干预或补偿的条件下才能实现的转变，这些过程不能自动发生，例如热变为功、气体压缩、热从低温向高温的传递等，克劳修斯称之为负转变。要使负转变发生，必须伴随着正转变一同发生。

克劳修斯还发现，负转变就是正转变的逆过程，正转变可以自发进行，而负转变不能自发进行，即正转变是一种不可逆的变化。

克劳修斯为了研究正、负转变的数量、度量不可逆性，花了15年的时间进行研究。19世纪中叶，由于引入了"热功当量"，使热力学第一定律（包括热现象在内的能量守恒定律）有了数学解析表达式。这给克劳修斯一个有益的启示,应该寻找一个"转变含量"或者"变换容度",把不同形式的转变相互比较,从而使热力学第二定律定量化。

克劳修斯从热变换理论着手,在计算变换的"等价量"中提出了熵,熵的变化规律表征了不可逆过程的共同特征。他于1857年发表《论热运动的类型》的文章,以十分明晰和使人信服的推理,建立了理想气体分子模型和确定压强公式,引入了平均自由程的概念。汤姆逊在1852年发表的论文——《论自然界中机械能散失的一般趋势》中,导出结论:在自然界中占统治地位的趋向是能量转变为热而使温度趋于平衡,最终导致所有物体的工作能力减小到零,达到"热寂"状态。

1865年,克劳修斯又写道:"如果在宇宙发生的全部状态变化中,一个确定方向的变化在量上总是超过相反方向的变化,那么宇宙的全部状态必定愈来愈多地按第一种方向变化,因而宇宙必然逐渐趋于一个终态。"在这篇论文的结尾,他利用能和熵这两个概念,非常精练地把热的动力理论的两条基本原理表述为:"宇宙的能量恒定不变","宇宙的熵趋于一个极大值"。1867年,在《关于热的动力理论的第二原理》的演讲中,他又进一步提出:"我们应当导出这样的结论,即在所有一切自然现象中,熵的总值永远只能增加,不能减少。因此,对于任何时间、任何地点所进行的变化过程,我们得到如下所表示的简单规律:宇宙的熵力图达到某一个最大的值。"他继续说道:"宇宙越接近于其熵的最大值的极限状态,它继续发生变化的可能就越小;当它最后完全到达这个状态时,也就不再出现进一步的变化了,于是宇宙就将永远处于一种惰性的死寂状态。"在克劳修斯看来,宇宙现在处于不平衡状态,而任何不平衡状态总是要在有限时间内达到平衡状态的。

随着熵的无限增加,一切其他的运动形式(机械的、光的、电磁的、化学的、生命的)都将最终转化为热运动,热量又不断从高温处向低温处放散,最终达到处处温度均衡,于是宇宙便进入一切运动过程都终止的"热寂"状态。

克劳修斯这一论断是否正确呢?在科学界引起了许多争论。格林、兰金、台特、普列斯顿等人曾举出了一些与克劳修斯原理相矛盾的例子。但是克劳修斯等证明了这些反对意见的错误性,并进一步断言不可能找到与第二定律相矛盾的过程。尽管如此,一些物理学家还是认为,把在与宇宙的发展相比是极短暂的时间内，以地球上的实验为根据建立的原理，推广到整个宇宙，这是不足凭信的。他们还指出，第二定律的绝对适用性意味着从实质上消灭了第一定律，因为不能转化的能量就不是能量。

另一种意见认为热力学第二定律本身就蕴含着运动要逐渐消灭的思想，因为承认自然过程的不可逆性，必然要否认过程向相反方向的转化，这就会导致运动消灭的结论。因此，要批判"宇宙热寂论"，必须首先否定热力学第二定律，否定自然过程的不可逆性。这种看法是缺乏充分科学根据的，因而是不正确的。"宇宙热寂论"并不是热力学第二定律的必然结论，而是对热力学第二定律的反科学的推论。事实上，热力学第二定律和其他已发现的许多自然科学规律一样，也有其特定条件，因而是有局限性的，只是在一定领域里才适用。

热力学的进一步发展表明，熵增加原理也可以推广到初态和终态不处于完全平衡态的情况，但是必须不远离平衡态，而宇宙则是一个远离平衡态的无限系统。

另外，一个孤立系，必然满足绝热的条件，所以也可以说：孤立系中熵不能减少。但是，孤立系是全脱离了外界环境的系统，而世界上的事物都是互相联系着的，根本没有绝对的孤立系统。热力学的孤立系，只是一种抽象假想，在实际上只能在小的空间范围和短的时间内近似地得到体现。这时系统所受到的外界的影响还是存在的，只是小得可以忽略或总的影响近似地被消除而已。比如，在不长的时间内，一只暖水瓶里的系统就可以看做是一个孤立系，但它并不是一个真正的孤立系。很显然，这种作为抽象概念的孤立系同整个宇宙在本质上是根本不同的，不能把由此得出的适用于局部范围现象的结论应用于整个宇宙。

所以，热力学第二定律所揭示的熵增加过程，只是无限多样的运动过程的一个局部表现，只是在一定条件下、有限范围内和热运动有关的宏观物质运动的一个特殊规律；它既不适用于微观世界，也不能外推到宇宙范围。"宇宙热寂论"正是形而上学地把热力学第二定律当做宇宙的普遍规律而走向了谬误。

按照辩证唯物主义的基本原理，宇宙中导致物质和能量逸散的过程必然与导致物质和能量集中的过程不可分割地联系着。在一定条件下熵要增加，能量要发散,而在另一些条件下熵则减小,能量则集结。

近几十年来,人们通过天文观测了解到:各种天体无不处在聚集和分散、塌缩和爆发、生成和死亡的不断转化之中。年老的星体渐渐冷下去,年轻的星体正在热起来,宇宙空间丝毫没有走向热平衡的趋势。这些事实表明,在宇宙中,热并不是单一地由高温物体向低温物体发散而使宇宙体系走向热寂状态,而是到处发生着热不断放散和热重新集结的转化过程。

近些年来,天体物理学中发展起来的"黑洞"理论认为,质量大体相当于三个太阳质量的那些恒星,在其晚年将会由于强大的引力作用而自动地收缩下去,这种无限引力塌缩的结果将形成"黑洞"。它的强大引力会把一切掉进去的物质和辐射吞下去,即使有巨大速度的光线也只能进不能出。于是它就形成一个封闭的视界,不再有任何光或物质的信息从它的表面上发送出来,外界观察者将不可能获得有关视界内的任何信息,所以它是黑的,"黑洞"的名称就是这样来的。按照这个理论,大质量的天体系统在其晚期演化中总免不了要成为黑洞。近年来关于中微子也具有质量的发现,使我们所观测到的这部分宇宙的平均物

黑 洞

质密度大大增加了,因而其引力作用也比人们原来估计的要大得多。因此,虽然我们观测范围大约在 150 亿光年以上的宇宙体系目前正在膨胀,但终归有一个时候要在其内部引力的作用下转变为收缩的。这种收缩一旦开始,就势必向无限塌缩进行下去。从这个意义上说,我们也是处在一个黑洞之中。

当然,这还只是个粗略的揣摩。随着自然科学的进展,对于放射到太空中的热,如何重新集结和活动起来的问题,必定会获得解决。那时,包括热力学在内的整个科学理论,也将获得重大的进展。

生活中的热学现象
SHENGHUOZHONG DE REXUE XIANXIANG

　　热学现象是自然界和生活中广泛存在的一种现象,它和人们的生活息息相关。为什么在冬春季节里风会从乡下吹向大城市?为什么地球上的气温在近年来会逐步升高?为什么冬天穿棉袄或羽绒服会感到非常暖和呢?为什么因纽特人住在冰雪制成的房间里会起到保暖的作用……

　　在不了解热学基本原理之时,人们会觉得这些现象非常神秘。实际上,这一切现象都可以用非常简单的热学原理来解释。用热学基本原理来分析我们身边所发生的这些热学现象是一件非常有趣而且有益的事情。它不但可以激起大家学习热学知识的兴趣,还可以提高我们用科学的眼光来分析自然现象的意识。

厄尔尼诺的恶劣影响

　　"厄尔尼诺"一词来源于西班牙语,原意为"圣婴"。19世纪初,在南美洲的厄瓜多尔、秘鲁等西班牙语系的国家,渔民们发现,每隔几年,从10月至第二年的3月便会出现一股沿海岸南移的暖流,使表层海水温度明显升高。南美洲太平洋东岸本来盛行的是秘鲁寒流,随着寒流移动的鱼群使秘鲁渔场成为世界四大渔场之一,但这股暖流一出现,性喜冷水的鱼类就会大量

生活中的热学现象

死亡,使渔民们遭受灭顶之灾。由于这种现象最严重时往往在圣诞节前后,于是遭受天灾而又无可奈何的渔民将其称为上帝之子——圣婴。后来,在科学上此词语用于表示在秘鲁和厄瓜多尔附近几千千米的东太平洋海面温度的异常增暖现象。当这种现象发生时,大范围的海水温度可比常年高出3℃~6℃。太平洋广大水域的水温升

厄尔尼诺现象

高,改变了传统的赤道洋流和东南信风,导致全球性的气候反常。

厄尔尼诺现象又称厄尔尼诺海流,是太平洋赤道带大范围内海洋和大气相互作用后失去平衡而产生的一种气候现象,是沃克环流圈东移造成的。正常情况下,热带太平洋区域的季风洋流是从美洲走向亚洲,使太平洋表面保持温暖,给印尼周围带来热带降雨。但这种模式每2~7年被打乱一次,使风向和洋流发生逆转,太平洋表层的热流就转而向东走向美洲,随之便带走了热带降雨,出现所谓的"厄尔尼诺现象"。

厄尔尼诺现象的基本特征是太平洋沿岸的海面水温异常升高,海水水位上涨,并形成一股暖流向南流动。它使原属冷水域的太平洋东部水域变成暖水域,结果引起海啸和暴风骤雨,造成一些地区干旱,另一些地区又降雨过多的异常气候现象。厄尔尼诺现象发生时,由于海温的异常增高,导致海洋上空大气层气温升高,破坏了大气环流原来正常的热量、水汽等分布的动态平衡。这一海气变化往往伴随着出现全球范围的灾害性天气:该冷不冷、该热不热,该天晴的地方洪涝成灾,该下雨的地方却烈日炎炎、焦土遍地。一般来说,当厄尔尼诺现象出现时,赤道太平洋中东部地区降雨量会大大增加,造成洪涝灾害,而澳大利亚和印度尼西亚等太平洋西部地区则干旱无雨。

厄尔尼诺的全过程分为发生期、发展期、维持期和衰减期,历时一般一年左右,大气的变化滞后于海水温度的变化。

在气象科学高度发达的今天,人们已经了解:太平洋的中央部分是北半

球夏季气候变化的主要动力源。通常情况下，太平洋沿南美大陆西侧有一股北上的秘鲁寒流，其中一部分变成赤道海流向西移动，此时，沿赤道附近海域向西吹的季风使暖流向太平洋西侧积聚，而下层冷海水则在东侧涌升，使得太平洋西段菲律宾以南、新几内亚以北的海水温度渐渐升高，这一段海域被称为"赤道暖池"，同纬度东段海温则相对较低。对应这两个海域上空的大气也存在温差，东边的温度低、气压高，冷空气下沉后向西流动；西边的温度高、气压低，热空气上升后转向东流，这样，在太平洋中部就形成了一个海平面冷空气向西流，高空热空气向东流的大气环流（沃克环流），这个环流在海平面附近就形成了东南信风。但有些时候，这个气压差会低于多年平均值，有时又会增大，这种大气变动现象被称为"南方涛动"。20世纪60年代，气象学家发现厄尔尼诺和"南方涛动"密切相关，气压差减小时，便出现厄尔尼诺现象。

20世纪60年代以后，随着观测手段的进步和科学的发展，人们发现厄尔尼诺现象不仅出现在南美等国沿海，而且遍及东太平洋沿赤道两侧的全部海域以及环太平洋国家；有些年份，甚至印度洋沿岸也会受到厄尔尼诺带来的气候异常的影响，发生一系列自然灾害。总的来看，它使南半球气候更加干热，使北半球气候更加寒冷潮湿。

由于科技的发展和世界各国的重视，科学家们对厄尔尼诺现象通过采取一系列预报模型、海洋观测和卫星侦察，海洋大气偶合等科研活动，深化了对这种气候异常现象的认识。首先认识到厄尔尼诺现象出现的物理过程是海洋和大气相互作用的结果，即海洋温度的变化与大气相关联。所以在20世纪80年代后，科学家们把厄尔尼诺现象称为"安索"（enso）现象。其次是热带海洋的增温不仅发生在南美智利海域，而且也发生在东太平洋和西太平洋。它无论发生在哪，都会迅速地导致全球气候的明显异常，它是气候变异的最强信号，会导致全球许多地区出现严重的干旱和水灾等自然灾害。

据统计，每次较强的厄尔尼诺现象都会导致全球性的气候异常，由此带来巨大的经济损失。我国1998年夏季长江流域的特大暴雨洪涝就与1997～1998年厄尔尼诺现象密切相关，气象部门正是主要依据这一因子很好地提供了预测服务。

此外，通常在厄尔尼诺现象发生的当年，我国的夏季风会较弱，季风雨

生活中的热学现象

带偏南,北方地区夏季往往容易出现干旱、高温天;厄尔尼诺可能会使冬季出现暖冬的几率增大;夏季东北地区出现低温的几率增大;西北太平洋的台风产生个数及在我国沿海登陆个数均较正常年份偏少。由此可见,我国的气候也在厄尔尼诺现象的影响范围之内。

我国地域辽阔,横跨热带、亚热带、温带和寒带四个温区,而且又地处太平洋西岸,因此厄尔尼诺现象也不可避免地影响到我国的气候。分析表明,盛产于我国黄海和渤海的对虾产量与厄尔尼诺现象密切相关。每当发生厄尔尼诺现象时,对虾的产量就明显下降,平均下降幅度为30%。发生强厄尔尼诺现象时,产量的下降就更为显著,平均下降幅度达70%之多。在最强的厄尔尼诺年1982年,对虾产量只有高产年份(1956年和1979年)的1/7。

科学家认为,厄尔尼诺现象的发生与人类自然环境的日益恶化有关,是地球温室效应增加的直接结果,与人类向大自然过多索取而不注意环境保护有关。

根据对近百年来太阳活动变化规律与厄尔尼诺关系的研究,科学家发现太阳黑子减少期到谷值期是厄尔尼诺的多发期,并有2~3次厄尔尼诺发生。

几十年过去了,人们对厄尔尼诺现象已有全新理解,特别对生态、环境、气候乃至世界经济的影响,有了较深刻的认识。科学家确信,厄尔尼诺特别是强厄尔尼诺会给世界经济带来巨大灾难。美国《纽约时报》和《洛杉矶时报》提供的评估材料显示:1982~1983年的暖事件中,秘鲁是受害最重的国家之一。事件发生前,秘鲁供应的鱼粉占世界38%,1982~1983年秘鲁的捕鱼量从过去的1030万吨锐减到180万吨;美国作为鱼粉的代用品——黄豆的价格暴涨3倍,饲料价格上涨反过来又使鸡的零售价猛涨;菲律宾干旱严重,导致椰子价格大幅度上扬,又使制造肥皂和清洁剂的成本大大提高……1997年8月,世界气象组织的一份报告指出,1982~1983年的厄尔尼诺,造成全球130亿美元的直接经济损失,间接和潜在影响难以估计。

至于厄尔尼诺形成原因,则是当代科学之谜。大多数科学家认为不外乎两大方面:一是自然因素,赤道信风、地球自转、地热运动等都可能与其有关;二是人为因素,即人类活动加剧气候变暖,也是赤道暖事件剧增的可能原因之一。

人类最终彻底走出"厄尔尼诺"怪圈,也许就取决于人类自己对自然的态度。1998年2月3日至5日,来自世界各国的100多名气象专家聚集曼谷,研讨对付厄尔尼诺的良策。科学家认为,在预测厄尔尼诺现象方面,人类已取得了长足的进步。不少因厄尔尼诺造成的灾害得到了较为准确和及时的预测,使人类能够未雨绸缪。科学家发出了这样的呼吁:拯救大自然,也就是拯救人类自己。

城市的"热岛效应"

高空大气环流,直接影响着生活在陆地上的人们,他们时而感觉到临风扑面,时而又是在无风和微风的天气中度过。

城市上空冷空气和热空气交换示意图

尽管有时候风的作用在减少,但气流还是在不停地循环流动,这里的助推剂是:热量。一般来说,凡是太阳光照射的地方,温度就会慢慢地上升。气流在上升的温度中烘烤加热后,形成垂直的流动。热空气比重小,轻,它会往上升;冷空气比重大,沉,它往下降,填补热空气上升留下的空缺,形成气流的循环运动,这就是热力环流。

热力环流不同于水平流动的风,它是空气上下垂直的对流运动,冷与热激发出气流缓慢的运动,它跟风不一样,风能够改造局地环境的气候,而热力环流是气流运动的原始动力。

换句话说,凡是高低错落的或者是冷热分布不均的地方就存在着热力环流。城市里参差不齐的楼群、房屋、道路,都为热力环流创造了良好的形成条件,白天屋顶受热最强,热空气从屋顶上升,与屋顶同一高度上比较凉的空气就会流向屋顶,这样屋顶上空就形成了一个小规模的冷热空气的循环;街道两边背阴面与向阳面也一样产生这样的热力环流,向阳的一面暖空气上升,背阴面冷空气下沉,它们之间通过穿行的风来贯通热力循环。

城市聚热能力,来自于建设城市的钢筋水泥、土木砖瓦以及纵横交织的

生活中的热学现象

道路网，它们取代了原本能降低城市温度的树木和草地，这些密集的建造物，让城市接受更多的太阳热量，同时这些吸热面又散发和反射出巨大的辐射热能。城市的气温，在太阳能和各种辐射热能的烘烤下越来越高。据气象专家长期的观测：柏油路面能够吸收 80% 以上的热量，尤其是中午，马路表面的温度比百叶箱气温高出 17.4℃。

城市的现代生活制造出巨大热量，工业生产的昼夜运转，家庭炉灶的明火烹饪，这些固定的热源每天排放的废气热量就占了全天热能的 66.6%，柏油马路上的滚滚车轮，这些移动热源每天也释放着 33.1% 的热量，稠密人口释放出的生物热量占 1% 左右。种种热源像火炉一样直接烘烤大气，与此同时，空气中 CO_2 对某些辐射波段有着强烈的吸收，也使得大气的温度上升很快。贴近地面的空气被加速烘热，整个城市宛如一个"热的岛屿"矗立在周围乡村较凉的"海洋"之上。

受热的空气膨胀起来，密度变小，轻盈地往上升，在城市上空形成了一个低压中心，同时产生了指向城市的气压梯度力，使得周围低层较冷的空气——乡村风，从四面八方，源源不断地涌向城市，填补进来的冷空气遇热又会上升，这样城市和周围乡村之间的冷热空气就流动起来，形成一个冷热交换的环流系统，这是气象学上的"中尺度"运动，专家叫它"热岛效应"或"城市热岛"。

气象专家们将多次观测到的城市热岛，绘成一幅城乡气温图，高峰值与乡村气温的悬差，就是城市热岛的强度。热岛强度是衡量乡村风涌入城市的指标，差值大涌入城市的乡村风就大，差值小吹进城市的乡村风就会很小。

"城市热岛"的变化还是有一定的规律。一天中变化最大的时候在夜间，到了白天和午后反而差异不明显。这是因为午后城市和乡村的气温差别不大；日落以后，空旷的乡村让大气散热很快，而城市里蓄积了白天大量热能的建筑物，散发出大量的辐射热，烘烤着大气，形成了夜间城市热岛，尤其在日落以后的 3~5 小时里表现得最强。

"城市热岛"的季节变化并没有一定的模式，对于我国来说，副热带和温带的气候条件，城市热岛表现为冬季和秋季最强，夏季和晚春最弱。

处在南副热带上的广州，春、夏风速大，热岛强度弱不说，甚至还会出现凉岛。北副热带上的上海，秋季云量最少，秋高气爽，风速也小，热岛效应表现强。冬季的北京，温带的气候条件本身就非常有利于城市热岛效应的发展，再加上人工取暖的增多，12月和1月的热岛效应表现特别明显。

城市热岛当然并非一无是处，在冬季对于居民生活的影响是非常有利的，具体表现在凝结露、霜的机会比郊区小，下雪天比郊区少。春秋季节热岛中心上升气温的大幅度衰减，有利于形成对流云和降雨，降低城市的高温。可是夏季，城市热岛这个低压中心，加大了高温酷热的程度，烦躁的热气吸进鼻腔、喉咙，使人们的呼吸变得不畅和困难，还会造成体质虚弱人群的休克甚至是死亡。如何降低酷暑季节城市的热岛强度是城市规划中的重要举措之一。

对于城市来说，高楼、房屋、道路这些不透水面积的不断扩大，不利于城市降温，只有科学地增加绿化带和水面，增加透水面积，才能实现城市的防暑降温。北京市对居住密集区域进行了局地改造，拆除一部分危旧房屋，规划建设出大面积的绿化带和水面，改善城市热岛的强度。新建的皇城根遗址公园坐落在紫禁城的东边，全长3.4千米，占地面积7.5万平方米，其中90%的土地被绿地覆盖，10个造型各异的喷泉点缀其间，整个公园如同一个巨大的氧吧，清洗着紫禁城周围的空气，有效地降低了天安门周边的温度，使这一带的居民和游客感受到从未有过的清爽和舒适。

为了增加城市的绿地面积，各行各业都展现出各自的绝招，有些环保意识前卫的企业，索性把绿地搬到自己的屋顶上，花园屋顶、森林屋顶层出不穷。这样既美化了城市，增加了绿地，又有利于城市的防暑降温。

扩大绿化面积是减少城市热岛效应的好方法

一座城市是一个"活"的系统，"热岛"是其中不可或缺的一环，它与城市环境和城市未来的发展密切相关。科学地处理"热岛效应"将有利于生活在城市里的人们，处理不好既影响城市的生活质量，又不利于污染物的驱散。

北京气象局的研究人员，利用先进的气球探空技术和数

生活中的热学现象

值模拟分析，对北京市进行了城市尺度的探测，专家对2000年和2010年进行了量化分析：自1980年以来，经过20年的飞速发展，到了2000年，建筑物不断地升高，热岛面积明显扩大，驱散污染物需要36分钟；2010年，依据北京市的总体规划，增加环城绿化带的建设，热岛面积缩小到接近于1980年的面积，而自身净化的能力也缩短在30分钟以内完成。

实际上城市热岛还遭遇一个夜间杀手——逆温层。它往往出现在日落之后，消失在日出之前那些大多数的无风日子里。这个无色透明的大气罩将污染物笼罩在城市的上空，久久不能散去，直接影响大气质量。热岛环流就像锅盖一样将城市罩住，使城市闷热。

白天，城市的气温被太阳和热岛环流"加热"升高，日落以后，城市失去了太阳烘烤，地表空气温度也会迅速地降下，那些白天蓄了热的"加热炉"还继续散发着剩余的热量，这些余热以极其缓慢的速度加热着冷空气，通过分子之间的相互接触，一个一个地传送着热量，这种分子间加热的地表气温比起200～300米高的气温还是凉了很多，因此出现的上升气流不是释放热量、逐渐降温，而是逐渐升温，于是形成了逆温层。逆温层如同一床巨大的被子悬浮在城市和郊区的上空，它抑制着空气的上下流动，也阻挡了乡村风的涌入。在这个穹顶形的温盖下面，那些本该被稀释的污染物越来越多地堆积在我们的周围。

在我国辽阔的版图上，身受"逆温层"之苦的城市不乏其例。甘肃省兰州市被群山环抱着，这里是一个几乎封闭的河谷盆地，东西狭长，南北较窄，黄河从中间穿过。受蒙古高压的控制，兰州市区风速小，天气稳定。特别是冬季，无风天出现的频率很高，降水量又少，干、热尤为突出，市区的热岛效应表现极强；厚厚的逆温层，如同锅盖一般，严严实实地罩在兰州城的上空，流通不起来的空气，没有能力稀释扩散被污染的大气。为此兰州市政府把"蓝天工程"放在城市规划建设的首位，加强城市绿化的建设，改变燃料构成和供热方式，用电、液化石油气、天然气等取代烟煤，大力开发利用以太阳能为主的新能源，减少不必要的人为污染。

针对兰州市常年刮东风的特点，有专家大胆提议：通过改变这里的地形，增加通风量。将东部峡口附近的山头削平，并填入沟内，这样不足1千米的东部峡口被拓宽为4千米左右的平坦地区，盛行的东风被引进了市区，大大地改善市区的通风条件，降低热岛效应，改善逆温层的持续时间，减少大气污染。

对于城市热岛，只有当乡村风大范围的风速达到 3 米/秒以上时，才能加速城乡的热力环流，减轻城市空气的混浊程度，给城市不断注入清新凉爽的清风。要实现这个目标，大面积的设置绿地，不断地增加城市的透水面积，才能改善城市局部区域气候环境，减缓城市的"热岛效应"。

绿色植物与气温调节

绿色植物有调节气温的作用，常常被人称为"绿色空调"。绿色植物，尤其是树木在夏天进行光合作用和蒸腾作用的速度比较快，能迅速把水分释放到空气中，水分的蒸发带走了热量，草地或森林里就凉快下来了。

冬天，绿色植物的光合作用和蒸腾作用都慢吞吞的，热量很难散发出去，而且阳光直射进落叶或干枯的草地，也能增加地面温度。所以草地上或森林里会比较暖和。绿色植物不仅能调节自身的温度，还起到调节周围环境气温的作用。所以，绿色植物被人们称为大自然的"绿色空调"。

温室效应及其影响

温室效应，又称"花房效应"，是大气保温效应的俗称。大气能使太阳短波辐射到达地面，但地表向外放出的长波热辐射线却被大气吸收，这样就使地表与低层大气温度增高，因其作用类似于栽培农作物的温室，故名温室效应。如果大气不存在这种效应，那么地表温度将会下降约 3℃ 或更多。反之，若温室效应不断加强，全球温度也必将逐年持续升高。自工业革命以来，人类向大气中排入的二氧化碳等吸热性强的温室气体逐年增加，大气的温室效应也随之增强，已引起全球气候变暖等一系列严重问题，引起了世界各国的关注。

大气中的二氧化碳就像一层厚厚的玻璃，使地球变成了一个大暖房。据

生活中的热学现象

估计,如果没有大气,地表平均温度就会下降到-23℃,而实际地表平均温度为15℃,这就是说温室效应使地表温度提高38℃。

一方面来说,天然气燃烧产生的二氧化碳,远远超过了过去的水平。另一方面,由于对森林乱砍滥伐,大量农田建成城市和工厂,破坏了植被,减少了将二氧化碳转化为有机物的条件。再加上地表水域逐渐缩小,降水量大大降低,减少了吸收溶解二氧化碳的条件,破坏了二氧化碳生成与转化的动态平衡,使大气中的二氧化碳含量逐年增加。空气中二氧化碳含量的增长,使地球气温发生了改变。但是有乐观派科学家声称,人类活动所排放的二氧化碳远不及火山等地质活动释放的二氧化碳多。他们认为,最近地球处于活跃状态,诸如喀拉喀托火山和圣海伦斯火山接连大爆发就是例证。地球正在把它腹内的二氧化碳释放出来。所以温室效应并不全是人类的过错。这种看法有一定道理,但是无法解释工业革命之后二氧化碳含量的直线上升,难道全是火山喷出的吗?

在空气中,氮和氧所占的比例是最高的,它们都可以透过可见光与红外辐射。但是二氧化碳就不行,它不能透过红外辐射。所以二氧化碳可以防止地表热量辐射到太空中,具有调节地球气温的功能。如果没有二氧化碳,地球的年平均气温会比目前降低20℃。但是,二氧化碳含量过高,就会使地球仿佛捂在一口锅里,温度逐渐升高,就形成"温室效应"。形成温室效应的气体,除二氧化碳外,还有其他气体。其中二氧化碳约占75%、氯氟代烷占15%~20%,此外还有甲烷、一氧化氮等30多种。

如果二氧化碳含量比现在增加一倍,全球气温将升高3℃~5℃,两极地区可能升高10℃,气候将明显变暖。气温升高,将导致某些地区雨量增加,某些地区出现干旱,飓风力量增强,出现频率也将提高,自然灾害加剧。更令人担忧的是,由于气温升高,将使两极地区冰川融化,海平面升高,许多沿海城市、岛屿或低洼地区将面临海水上涨的威胁,甚至被海水吞没。20世纪60年代末,非洲下撒哈拉牧区曾发生持续6年的干旱。由于缺少粮食和牧草,牲畜被宰杀,饥饿致死者超过150万人。

这是"温室效应"给人类带来灾害的典型事例。因此,必须有效地控制二氧化碳含量增加,控制人口增长,科学使用燃料,加强植树造林,绿化大地,防止温室效应给全球带来巨大的灾难。

气温升高不可避免地使极地冰层部分融化，引起海平面上升。海平面上升对人类社会的影响是十分严重的。如果海平面升高 1 米，直接受影响的土地约 $5 \times 10^6 km^2$，人口约 10 亿，耕地约占世界耕地总量的 1/3。如果考虑到特大风暴潮和盐水侵入，沿海海拔 5 米以下地区都将受到影响，这些地区的人口和粮食产量约占世界的 1/2。一部分沿海城市可能要迁入内地，大部分沿海平原将发生盐渍化或沼泽化，不适于粮食生产。同时，对江河中下游地带也将造成灾害。当海水入侵后，会造成江水水位抬高，泥沙淤积加速，洪水威胁加剧，使江河下游的环境急剧恶化。温室效应和全球气候变暖已经引起了世界各国的普遍关注，目前正在推进制订国际气候变化公约，减少二氧化碳的排放已经成为大势所趋。

科学家预测，如果现在开始有节制地对树木进行采伐，到 2050 年，全球暖化会降低 5%。

"下雪不冷化雪冷"

民间传统观认为"下雪不冷化雪冷"。水结冰要放热，而冰融化为水要吸热，但根据热力学基本定律：物体的热量只能从高温物体转移到低温物体。水与冰雪的相互转化温度为 0℃，水结冰放热到环境中会使环境温度升高，但最高不可能超过 0℃，否则热量的流向就会"掉头不顾"；另一方面，雪融化为水要吸热，使环境温度下降。但环境温度最低也不可能降到 0℃ 以下，否则低于 0℃ 的环境就会使冰雪融化的过程产生"逆转"。因此，从理论上讲，下雪绝不可能比融雪温度低。

那么实际生活中，下雪或融雪与环境温度之间又有何关系呢？一方面，冰雪与水转化的物理规律不变，但另一方面，由于一天之中早晨和中午气温不同，同一时间不同地点（如向阳处和背光处）的气温也不一样，加上白雪和脏雪吸热的能力不同，而且即使环境温度高于 0℃，雪的融化也有一个过程，还有风速和湿度的影响，使人感觉到的冷热与物理学上的温度高低并不完全一致。这样就使"下雪不冷化雪冷"的问题大大复杂化了。

要科学地判断"下雪不冷化雪冷"，首先要弄清楚什么叫下雪，什么叫融雪。每年的第一次降雪时，因为雪花是在高空形成的，在高空气温远低于

生活中的热学现象

0℃,但这时地面温度常在0℃以上。这样,雪一落到地上就立即融化了。虽然在下雪但雪随下随融,温度始终在0℃以上,这种情况是算下雪还是算融雪呢?而且,江南这种边下雪边融雪的情况很常见,如果这种情况仅归为下雪天,那么就会很自然地得出"下雪不冷化雪冷"了。

但从严格的意义上讲,这种边下雪边融雪的天气,不宜仅归纳到下雪天的范畴。为了便于对气象资料进行统计归纳,能不能这样对下雪天和融雪天进行界定:"凡第二天有积雪,尽管头天下雪时最高气温在0℃以上,还是定为下雪天。而有积雪未降雪,最高气温高于0℃的天气都看成融雪天。"

现从某市近十年降雪过程的资料统计,下雪天的平均最高气温为1.5℃,平均最低气温为-2.76℃,平均下雪天气温为-0.63℃。而化雪天平均最高气温为3.2℃,平均最低气温为-1.8℃,化雪天日平均气温0.7℃。可见一般说来下雪天比化雪天气温低。因此,所谓"下雪不冷化雪冷"在物理学上讲并不成立。

既然下雪天气温比化雪天低,那么为什么说"下雪不冷化雪冷"呢?民间对此主要有以下几种解释。(1)干燥保温说;(2)化雪风大说;(3)辐射散热说;(4)矫枉过正说。下面对这几种解释我们逐一分析。

(1)干燥保温说。这种观点认为下雪时空气湿度低,相对比较干燥,使空气和衣物的保暖性能相对较好,而化雪天空气湿度相对较大,空气传热性强,使人感到冷。

对此我们说:下雪时雪花漫天飞舞,化雪时到处积雪积水,这两种天气中,相对湿度都很大,而且0℃时冰的饱和蒸汽压和水的饱和蒸汽压相同,因此下雪天与化雪天的相对湿度应该相差不大。从南昌地区的气象统计资料看:下雪天平均相对湿度为81.8%,绝对湿度为4.8毫米汞柱。而化雪天平均相对湿度为83.6%,绝对湿度为5.38毫米汞柱。虽然化雪时湿度略高,但对空气热传导系数影响几乎为零。至于衣物的保暖性也应该区别很小。因此,这种很小的湿度变化不会产生明显的"下雪不冷化雪冷"的效果。以上说法虽然有道理,但依据还显得不足。

(2)化雪风大说。"化雪时往往风大,所以显得很冷。"根据上述某市近年气象统计资料,下雪天平均风速为2.3米/秒,化雪天平均风速为1.1米/秒。因此这一理论依据不足。

(3)辐射散热说:"化雪天一般要出太阳,这样夜间地面热量很容易散失,所以化雪天的最低温度要比下雪天低。"根据上述某市地区的统计资料:下雪天平均气温为-2.76℃,化雪天平均气温为-1.8℃。最低气温还是下雪天低,因此这一理论也不成立。

(4)矫枉过正说:下雪不冷化雪冷,主要是古人为强调化雪天仍然很冷的一种矫枉过正的说法,实际上还是下雪比化雪冷。类似这样的矫枉过正说法,在我国天气谚语中还有很多,如:"立秋后还有十八个秋老虎更厉害。"这就是强调立秋后天气仍很热。

纵观以上各种解释都不太合理。对此,有人根据在农村调查的结果提出以下新的解释。

首先,能总结出"下雪不冷化雪冷"的人,应该是下层知识分子和劳动者。因为那些达官贵人,出入有马轿裘衣,在家有锦帐火炕,随时有人伺候加减衣服,一般很少有感到冻冷的时候。而中下层知识分子和劳动者,住的多为茅屋,出外要靠自己步行,这就使他们能体会到"下雪不冷化雪冷"了。

直到20世纪四五十年代,南昌附近农村农民住的基本上都是稻草房。稻草一湿了就很容易腐烂,也不保温,所以住草房的农民,秋收以后,都要把原来屋上盖的禾草换成当年的干草。至今农民虽然住上了瓦房,但还保留当年习惯,每年立冬前对牛栏的禾草都要彻底换一次。问其原因,答曰:"冬天不换草,牛会冻病冻死。"由于我国属季风气候,冬季一般寒冷少雨。所以立冬前后换上的禾草,在第一次降雪前,一般会保持干燥的状况。特别是黄淮流域冬季很少下雨,即使在降雪前下过雨,经过一段时间的日晒风吹也应该比较干燥了。这样下雪时屋面的茅草应该是相对干燥的。但在化雪时,由于日温差的变化,不可能当天就把屋面的积雪全部融化,因雪水共存,使雪水积聚在屋面,从而使水有充分的时间渗入茅草之中。由于茅草保温主要是靠草所包裹的不流动空气,一旦这些空气被水所填充,必然使屋面保温性大大下降。据测试,水的导热性是空气的60倍,尽管下雪时平均温度要比化雪时低1℃,但只要茅草湿度增加10%就足以使人感到化雪时室内温度更低了。

由于烧饭等人类活动,室内产生的热量还是不少的。加上门窗封闭较严(秋天要糊窗纸)热量不容易散失,即使外面冷到零下十几度,由于雪本身的良好保温作用可以使茅草与接触的界面上,温度在-1℃左右。又因厚茅草被雪水浸湿，热量大量外泄，从而使室内温度接近室外温度，结果使室内温度反比前述的大雪纷飞时低，自然在室内的人会感到"下雪不冷化雪冷"了。

对于外出者来说，虽然橡胶在国外应用已有上百年，但我国橡胶雨鞋"飞入寻常百姓家"，还是20世纪四五十年代的事。40年代前，上层人士冬天穿皮鞋，中等收入的穿棉鞋，一般老百姓家穿布鞋、麻鞋、草鞋。雨雪天能再加一双木屐的，就算是很不错了。而这些鞋子的一个共同点就是都不防水。这对达官贵人来说无所谓，反正出入坐轿骑马，但对中下层人士来说，化雪天不得不将不防水的鞋踩在雪地上，结果雪水浸湿鞋袜，使双脚冰冷接近0℃。而下雪天，虽然气温更低，雪却是"干"的，不会湿鞋。这样鞋的保暖性好，反而可使双脚的温度比化雪时鞋袜踩在雪水中高出许多。这一点相信大家都是有体会的。俗话说寒从脚下起，脚冷不仅会使人身全身感到寒冷，而且还容易使人因此生病。这就更放大了化雪冷的印象。

综上所述，直到不久远前，由于普通人的屋面材料和鞋袜不防水的原因，不管是外出还是居家都使一般老百姓在化雪天主观感到更冷。因此，在过去"下雪天不冷化雪冷"的命题是成立的。但这并不意味着下雪天的气温反而比化雪天气温高。而传统的"下雪放热，化雪吸热"的解释则是错误的。

奇妙的云雾现象

"十雾九晴"

时至初冬，我们经常会发现早上有雾当天多半是晴天，这就是我们常说的"十雾九晴"。

"十雾九晴"指的是深秋、冬季和初春的时候，大雾多发生于晴天。雾与晴天有没有关系？有什么关系？要想搞清楚这些问题，先得从雾的成因上说起。

雾是指在气温下降时，在接近地面的空气中，水蒸气凝结成的悬浮的微小水滴或冰晶。据资料表明，根据成因，雾一般分为4种：

（1）辐射雾。晴朗、无风或微风的夜晚，地面辐射冷却使贴近地面空气层中水汽凝结而成的雾，日出前雾最浓，日出后随地面气温升高而逐渐消散或上升为层云，其厚度一般为100~200米，最薄者只有2~3米。

（2）平流雾。暖空气移行到较冷下垫面上，其下部分水汽冷凝结成雾。平流雾的生、消和发展主要取决于暖湿平流的特性，一般来说它比辐射雾范围广、厚度大、时间长，日变化也不很明显。平流雾形成于冬季热带暖湿气团移行在高纬寒冷地区时；春夏大陆暖气团移行到较冷海面上时；冬秋季海洋暖湿气团移行到较冷陆地时；海洋上暖湿空气移行到冷海面和冷暖洋流交汇时。

平流雾

（3）蒸发雾。冷空气移到较暖水面上，水面蒸发加快，使水汽达到饱和状态而形成雾。

（4）锋面雾。是暖锋锋前降雨蒸发后使低层空气达到饱和形成的雾。

很显然，这里所指的"雾"应该是"辐射雾"。它的形成是因为晴朗的夜晚，无云或者是少云，大气逆辐射弱，对地面的保温作用较差，地面强烈辐射冷却使得近地面大气层中的水汽遇冷凝结形成雾。同时因为无云、少云，大气对太阳辐射的削弱作用减小，特别是云层的反射作用减弱，直接到达地面的太阳辐射较多，因而当天多半气温较高、天气晴朗。

冒"气"的冰棍

炎热的夏天，热气逼人，吃上一根冰棍才舒服呢！你注意过吗，冰棍从冷藏箱里拿出来往往还冒"气"哩！

真有趣，通常只有热的东西才冒气，冰棍为什么会冒气呢？

夏天的气温比冰棍的温度高得多，冰棍一遇到空气就要融化，融化时要从周围的空气中吸收大量的热，使空气的温度下降。平时空气里含有一定量的水蒸气，由于温度突然降低，就达到饱和或过饱和状态。也就是说，冰棍周围的空气由于温度降低，便容纳不下原来所含的那么多水蒸气了。在这种情况下，多余的水蒸气就结成微小的水珠，形成一团团飘浮着的雾状水滴，经光线照射，就成了白色的水汽。

云、雾、雨、雪形成的原因也是这样。江河湖海里的水，受到阳光照射后，不断地变成水蒸气，飘散在空气中，含有水蒸气的空气受热上升，升到一定高度，遇到冷空气，就凝成一团团悬浮的小水滴，这便是云。靠近地面的水蒸气，遇冷也能结成一团团悬浮的小水滴，这就是雾。所以云和雾在本质上是相同的。在合适的条件下，云里的小水滴不断地合并成大水滴，直到上升的气流托不住它的时候，便降落下来，形成雨。如果是冬季，这些水滴就结晶成雪花漫天飘舞。不过，空气中饱和水汽的凝结，必须有它凝结的"核心"才行，这个核心就是飘浮在空气中的尘埃，它是促进云、雾、雨、雪形成的必要条件之一。

云雾的秘密，使英国物理学家威尔逊受到很大启发。经过研究，他于1894年发明了一个叫"云雾室"的装置，它里面充满了干净空气和酒精（或乙醚）的饱和汽。如果闯进去一个肉眼看不见的带电微粒，它就成了"云雾"凝结的核心，形成雾点，这些雾点便显示出微粒运动的"足迹"。因此，科学家可以通过"云雾室"，来观察肉眼看不见的基本粒子（电子、质子等）的运动和变化情况。同时，还发现了不少新的基本粒子。威尔逊云雾室，为研究微观世界作出了卓越贡献，1927年，他因此荣获了诺贝尔物理学奖。

汽车玻璃上的雾

秋冬交接或者阴雨天时，关闭汽车的所有玻璃后，多会出现许多水雾，这是因为车外的温度低、车内温度高造成的。物理原理就是车内有大量的水蒸气，这些水蒸气遇到冷的车玻璃时液化成小水滴。去除的办法是，天不太冷时用空调的冷风吹，一两秒就可以除去，如果是特冷的天可以开空调的暖风，过10秒以上才会去掉。下面介绍一种去雾方法。

雨雪天气时，不必借助冷风或内循环风除雾，只要在此之前配制好除雾水涂抹于挡风玻璃上即可。除雾水的配制方法极其简单，找个小器皿，挤进少许洗涤灵，按1∶10左右的比例兑上水，然后用脱脂棉或软布蘸着它涂抹于前后挡风玻璃内侧（包括后视镜处的车窗玻璃），待晾干后再用麂皮或柔软的干布擦净涂抹时遗留在挡风玻璃上的残留纤维等就可以了，不管外面下多大雨，即便关严车窗，就是十几个人在里面都不起雾，涂抹一次，能连续几天都管用。如果赶上湿度太大的天气，车内外温差较大时，稍微加大洗涤灵的配比即可。

除此之外，跟家庭洗涤相关的许多东西也都可以作为代用品，而且都可以达到非常不错的除雾效果，比如瓜果清洗液、洗手液、肥皂水、洗衣粉（溶解后）、浴液、洗发液等。

诺贝尔物理学奖

诺贝尔物理学奖是根据诺贝尔的遗嘱而设立的，是诺贝尔奖之一。诺贝尔奖是以瑞典著名化学家、硝化甘油炸药发明人阿尔弗雷德·贝恩哈德·诺贝尔的部分遗产作为基金创立的。

诺贝尔物理学奖旨在奖励那些对人类物理学领域里作出突出贡献的科学家。由瑞典皇家科学院颁发奖金，每年的奖项候选人由瑞典皇家自然科学院的瑞典或外国院士、诺贝尔物理和化学委员会的委员、曾被授予诺贝尔物理或化学奖金的科学家，在乌普萨拉、隆德、奥斯陆、哥本哈根、赫尔辛基大学、卡罗琳医学院和皇家技术学院永久或临时任职的物理和化学教授等科学家推荐。

不同颜色之中的热学

黑和白的热效应

两个完全相同的玻璃瓶，把其中的一个外面涂上黑色，另一个外面涂上白色。然后装进质量相同、温度相同的冷水，并各插入一支温度计，放在太阳下面晒。过一会儿即可发现，温度计的读数不再相同了，放在黑色玻璃瓶里的温度计指示的温度较高。这说明：黑色物体比白色物体吸收辐射热的本领强。

把这两个瓶里的水倒掉,重新换上质量相同、温度相同的热水,放到冷藏室里,过一会儿又可发现,两支温度计的读数又不相同了。这一次,放在黑色玻璃瓶里的温度计具有较低的读数。这说明:黑色物体比白色物体向外辐射热的本领强。

上面的两个实验告诉我们,热辐射与物体颜色的深浅有关。颜色越深的物体,吸收或者辐射热的本领越强;颜色越浅的物体,吸收或者辐射热的本领越弱。

炎热的夏天,人们喜欢穿白色或浅色的衣服,严寒的冬天,人们喜欢穿黑色或深色的衣服,就是为了适应不同的气候。

我国西北的高山上终年积有冰雪,山下却经常干旱。新中国成立后,政府便派飞机飞到雪山上空,撒下大量的碳屑,给白雪披上黑装,太阳一晒,冰雪就会融化,汇成水流,流下山来。

近年来,太阳能热水器得到了广泛的应用,它可以利用阳光为人们提供热水。这类装置虽然形式不同,但却有共同的特点:都有一个黑色的采热器。

冬天取暖的火炉涂成黑色,是为了增强火炉向周围辐射热的本领。为了降低幻灯机、变压器的温度,也常常把它们涂成黑色,以增强它们向外辐射热的本领。

宇宙空间没有大气,宇宙飞船只能靠辐射与外界交换热量,因此飞船"外衣"的颜色必须精心选择。一般飞船的外表面都涂成银白色或浅蓝色。当有阳光照射时,由于涂上这种颜色,可以防止飞船温度急剧升高;当没有阳光照射时,又可以起到减弱向外辐射热的作用。在飞船内表面,都涂上黑漆,由于黑色物体吸热和放热的本领都大,这样,卫星向阳面的内侧,因温度较高,容易放热;同时,卫星背阳面的内侧,因温度较低,容易吸热,整个舱内的温度就会比较均衡了。

夏天穿黑袍子的贝都因人

在炎热的夏天,应该穿白色的衣服还是应该穿黑色的衣服?似乎人人都知道当然应该穿白色的衣服。可是生活在沙漠中的贝都因人,却世世代代都穿黑色的袍子度过夏天。

贝都因人

这件反常的事情,引起了科学工作者的兴趣。他们在阳光下进行测试,黑色袍子表面温度(47℃)比白色袍子表面温度(41℃)要高,同时黑色的东西更容易吸收阳光的辐射。

他们又测了地面附近空气的温度,那里是38℃,这个温度比袍子里空气的温度要低一些。这就是说,无论是黑袍子还是白袍子,里面的空气温度比地面附近空气的温度都高。这样就会发生对流现象,袍子里的热空气上升,周围的空气来补充,袍子里面形成由下而上的气流。

贝都因人穿的袍子非常肥大,不会妨碍气流流动。由于黑袍子里的空气和地面空气的温度差比白袍子里的大,对流也比白袍子里强一些。对流产生的气流把衣服表面传来的热量带起,并加速了汗水的蒸发。所以穿黑袍子的人比穿白袍子的人觉得更舒服一些,贝都因人也许早就知道这个道理。对流可以算是最古老的知识,但是使人感到意外的是,至今还没有人详细而定量地列出对流计算方程。科学界虽然涌现过无数聪明才智的人,但是谁也没有最后解决这个问题。对流在许多领域里的应用,还等待人们去发现。在地壳内部,对流使海底产生一系列的裂变;岩浆的对流驱使着大陆慢慢飘动;在太阳上对流引起光球层激烈的运动;在盐湖里,特殊的对流过程,使人利用盐湖收集太阳光,提供大量电能……

"双鹰2号"的白衣黑裙

1978年8月间,三位美国飞行家乘坐一只名叫"双鹰2号"的大型充氦气球,飘行万里,首次成功地横渡了大西洋。"双鹰2号"的制作者们精心地设计了它的套袋。他们把球体的上半部分涂成银白色,下半部分涂成黑色,远远望去,就像穿上了白衣黑裙。白天烈日当空,气球吸热后体积变大,就

生活中的热学现象

会上升。银白色的上衣将太阳的大部分热反射出去，可以防止气球升得过高而发生危险。到夜晚，气温降低，气球收缩，又有可能急剧下降，落到海里。但是，夜晚海水的温度比气温要高，所以黑色的裙子能够尽量地吸收海面辐射的热量，避免气球的温度下降太多。这身不被人注意的白衣黑裙，对于保证气球的正常飞行，起了重要作用。飞到太空去的宇宙飞船，更要考虑在飞行的时候，向阳那面的温度会高到100多摄氏度，背阴那面的温度却要低到零下200多摄氏度，高低相差300多摄氏度。有什么办法来调节这悬殊的温差呢？你或者会说就像"双鹰2号"气球那样，把飞船向阳的那一面涂成白色，背阴的那一面涂成黑色，行不行呢？不行。因为飞船和气球不一样，它的向阳面和背阴面要时常变换。而且如果没有可吸的热，黑色将会起着很快向外散热的作用呢！

科学家们为飞船设计了合适的衣服：在飞船壳体外表面，整个都涂上一层蓝色或银白色的涂料。阳光在它上面的时候，可以防止温度剧烈升高；它背向太阳的时候，白色又可以起到减少向外散热的保护作用。在飞船壳体的内表面，都涂上了一层黑漆，就像一层黑色的衣服里子。由于它吸热和散热的本领都比较大，可以使壳体

飞船飞行器

内部温度高的那一面的热量大量释放出来，同时使温度低的那一面大量把热吸收进去。这能使舱内的温度保持均衡。

黑色和白色，深色和浅色，不仅把我们的生活点缀得绚丽多彩，而且在很多地方默默地帮助我们工作。

黑色吸收热量多的奥秘

表面一黑一白，大小相同的两块金属都加热到500℃，哪个辐射的能量多？是黑色的。设想你有一个密封的盒子加热到500℃，盒内一半衬有表面是

黑色的金属，一半衬有表面是白色的金属，两者不接触，它们只有通过辐射交换热量。一部分热量由黑金属块辐射到白金属块，一部分由后者辐射到前者。这两部分必定相等，否则散发热量多的一边将很快变得比另一边冷。能量自动地由低温处流向高温处是不可能的。表面是黑色的一侧，能把所有的辐射到它上面的热量都吸收，若物体温度保持恒定，它将辐射出同样多的热量——物体表面吸收的热量与其放出的相同。

我们知道一个好的吸收器必定是一个很好的辐射器，一个好的反射体却是一个很糟的辐射体。在白色表面上，对于辐射到其上的热量大部分将被反射，而只吸收一小部分。因此它辐射的热量也少。黑白表面之间的能量流是相等的，因为白色表面辐射较少是由它反射较多热量来补偿的。由此我们得出在500℃时，黑色金属比白色金属辐射的热量多。这便是为什么好的散热器表面总要涂成黑色的缘故。

散热器

另外，如果白色表面被破坏了，它的反射能力就会减弱。相应就会吸收更多的辐射。如果我们将白色表面破坏得使它的反射能力和黑色表面一样，这样它对热辐射的吸收应该同黑色表面一样。它就和黑色表面起一样的作用，这就意味着它应和黑色表面有一样辐射能量。我们是怎样改变白色表面的呢？我们在白色表面上刻下许多划痕，当划痕很深时，它们就像小空腔一样起到能隔住进入其中的辐射作用。大部分进入空腔的辐射是不能被反射出来的，它们最终被吸收了，空腔起了辐射陷阱的作用。事实上，无论空腔是由金、银、铜、铁，还是碳制成的，它们的效果都如同黑色的空腔。

厨房里的热学现象

在厨房里做饭炒菜，我们在屋外也能闻到饭菜的香味。更有意思的是，有时候锅里的油才烧热，厨房外面的人就闻到了油香。

香味是怎么被人闻到的呢？因为在烹调的过程中，饭菜的分子有一部分被蒸发到空气中，并且渐渐地向四面八方运动，当它们钻进我们的鼻孔时，我们就闻到香味了。这个过程是扩散现象。正是气体的扩散作用帮助人们闻到了各种气味。

气体分子很小很小，我们用眼睛不能直接看见它们。但是，这些分子的运动是能够间接地观察到的。在太阳光底下，我们可以看到许多尘埃在空气中飘来飘去，上下飞舞，就是尘埃受运动着的气体分子碰撞的结果。气体分子的运动是无规则的，互相之间不断地碰撞，不断地改变运动的方向。因为气体分子之间距离比较大，互相撞碰的机会少，所以它们很容易离散开来。有些气体的分子运动得很快，拿氢气来说，它的分子跑得比子弹头的速度还要快上几倍呢。正是这个缘故，气体物质的体积，如果不受外界的约束，就会不断膨胀扩大，扩散开来。

扩散现象不单气体里有，液体里也有。做汤的时候，滴进几滴酱油，即使不搅拌，整个汤里也会逐渐均匀地染上酱油的色泽，并富有酱油的美味。这就是酱油在汤里扩散的结果。

固体之间也有扩散现象。有人曾经做过这样的实验：把一块铅片和一块金片，分别磨光，压在一起，在室温下（20℃）放置5年，金片和铅片便连在一块，它们互相混合的深度约一厘米。我们知道，在室温下，金和铅是不会熔解的，但是它们的接触面竟生成了一层均匀的铅金合金，这就是扩

扩散的墨水

散作用在固体中玩的把戏。

扩散现象生动地证明，无论是哪一种形态的物质，它们的分子无时无刻不在运动，当它们互相接触的时候，彼此就要扩散到对方当中去。随着温度的升高，分子无规则运动的速度增大，扩散也加快。

开水不响，响水不开

相信用壶烧过水的人都知道当水还没有烧开时会出"嗡嗡"的响声，而当水沸腾的时候这种响声就会消失。这其中的原因是什么呢?

我们知道，水中能溶有少量空气，容器壁的表面小空穴中也吸附着空气。水对空气的溶解度及器壁对空气的吸附量随温度的升高而减少，当水被加热时，气泡首先在受热面的器壁上生成。

气泡生成之后，由于水继续被加热，在受热面附近形成过热水层，它将不断地向小气泡内蒸发水蒸气，使泡内的压强（空气压与蒸汽压之和）不断增大，结果使气泡的体积不断膨胀，气泡所受的浮力也随之增大，当气泡所受的浮力大于气泡与壁间的附着力时，气泡便离开器壁开始上浮。

在沸腾前，水层的温度不同，受热面附近水层的温度较高，水面附近的温度较低。气泡在上升过程中不仅泡内空气压强随水温的降低而降低，泡内有一部分水蒸气凝结成饱和蒸汽，压强亦在减小，而外界压强基本不变，此时，泡外压强大于内压强，于是，上浮的气泡在上升过程中体积将缩小，当水温接近沸点时，有大量的气泡涌现，接连不断地上升，并迅速地由大变小，使水剧烈振荡，产生"嗡嗡"的响声，这就是"响水不开"的道理。

对水继续加热，由于对流和气泡不断地将热能带至中、上层，使整个容器的水温趋于一致，此时，气泡脱离器壁上浮，其内部的饱和水蒸气将不会凝结，饱和蒸汽压趋于一个稳定值。气泡在上浮过程中，液体对气泡的静压强随着水的深度变小而减小，因此气泡壁所受的外压强与其内压强相比也在逐渐减小，气泡液—气分界面上的力学平衡遭破坏，气泡迅速膨胀，加速上浮，直至水面释出蒸汽和空气，水开始沸腾了。也就是人们常说的"水开了"，由于此时气泡上升至水面破裂，对水的振荡减弱，几乎听不到"嗡嗡"声，这就是"开水不响"的原因。

生活中的热学现象

多孔的冻豆腐

豆腐本来是光滑细嫩的，冰冻以后，它的模样为什么会变得像泡沫塑料呢？

豆腐的内部有无数的小孔，这些小孔大小不一，有的互相连通，有的闭合成一个个小"容器"，这些小孔里面都充满了水分。我们知道，水有一种奇异的特性：在4℃时，它的密度最大，体积最小；到0℃时，结成了冰，它的体积不是缩小而是胀大了，比常温时水的体积要大10%左右。当豆腐的温度降到0℃以下时，里面的水分结成冰，原来的小孔便被冰撑大了，整块豆腐就被挤压成网络形状。等到冰融化成水从豆腐里跑掉以后，就留下了数不清的孔洞，使豆腐变得像泡沫塑料一样。冻豆腐经过烹调，这些孔洞里都灌进了汤汁，吃起来不但富有弹性，而且味道也格外鲜美可口。

很早以前，我国人民就已经懂得了冰冻膨胀的原理，并利用它来开采石头：冬天，他们在岩石缝里灌满水，让水结冰膨大，把巨大的山石撑得四分五裂，很快就能采到大量的石料。

工业生产上出现了一种巧妙的新工艺——"冰冻成型"，也是冰冻膨胀原理的应用。办法是：根据零件的形状，用强度很大的金属，做一个凹形的阴模和一个凸形的阳模，把要加工的金属板放在两个模的中间，在阳模和密闭的外壳之间，灌满4℃左右的水，然后把这个装置冷却到0℃以下。这时，由于水结冰，体积膨胀，所产生的巨大力量把阳模压向阴模，便把金属板压成一定形状的部件了。

由于水在4℃时的密度最大，体积最小，水温低于4℃时体积反而增大，所以，在4℃时水就不再上下对流了。因此，到了冬季，寒冷地区的江河湖海，表面上虽然结了厚厚的冰层，但下面水的温度却保持在4℃左右，这就给水生物创造了生存的环境。

暄松的馒头

馒头，是我国人民的主要食品之一。制作馒头的关键是发酵。酵母菌可以使面团的淀粉发生化学变化，生成糖、醇和酸等，并且放出二氧化碳气。但是，加热方法如果不适当，比如直接放在锅上烙，由于受热不均匀，只能

暄松的馒头

变成皮硬内软的"烤饼";要想得到暄松的馒头,必须请高温蒸汽来帮忙。当人们把揉好的生馒头放进蒸笼以后,高温蒸汽很快把馒头包围起来,从四周给馒头均匀地加热。馒头里面的二氧化碳受热膨胀,可是又不容易冒出来,只能在里面钻来钻去,于是便胀出许许多多小空泡,使馒头又松又暄。如果在面里放些糖,发酵充分,蒸汽温度高,供汽又猛,就可以蒸出表面开裂的"开花"馒头。这样的馒头,富有弹性,吃起来香甜可口。

在蒸馒头的过程中,我们是用高温水蒸气作为介质来给馒头加热的。在日常生活中,利用介质加热的例子很多,例如做饭炒菜要加水,炒板栗、花生和豆子要用细沙。水和细沙也是常用的传热介质。

气体受热膨胀也往往会给人们带来麻烦。炎热的夏天,汽车轮胎和自行车轮胎有时会"放炮",就是因为胎内气体受热膨胀,压强增大,大到一定程度,车胎就被胀破了。所以,热天给车胎充气不宜太多,要留有余地。

化冻柿子

在北方,冬天有冻柿子卖。冻柿子冻得硬邦邦,好像"冰疙瘩",吃的时候,要用水把它化开。冰化开了,柿子也软了,吃起来甜美可口,别有一番风味。

人们化冻柿子的时候,是把冻柿子放在冷水里,而不是放在热水里,这是为什么?

同时,也请你想想,春节化冻鸡也是用冷水,道理与化冻柿子是不是一样?

首先要注意,冻柿子的温度不是0℃,而比0℃要低得多。

生活中的热学现象

我们说水在0℃的时候要结冰，这是指纯水。如果是糖水、盐水，或是含有别的杂质，结冰的温度就低得多。你可以做一个实验，天冷的时候，你用两只同样大的碗，分别盛一点清水和糖水放在室外，就会看到清水先结冰，糖水后结冰，说明了糖水结冰的温度低。

柿子里糖分高，冻柿子的温度比0℃低，一般的冷水温度在10℃以上，用来化冻柿子，温度已经够高的了。

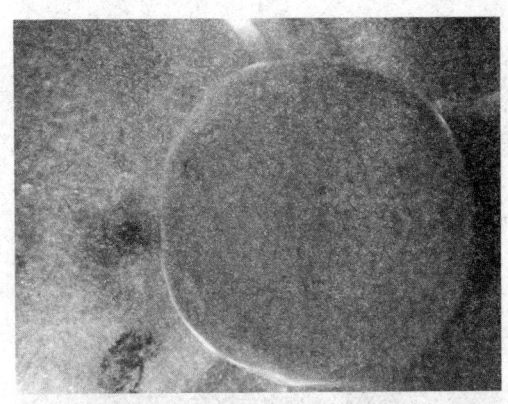

化冻柿子

有人以为用热水化冻柿子可以快速化冻。可是，由于热水与冻柿子温差太大，冻柿子往往外层被烫软了，内部还保留一个冻芯，不容易化透。另外，被烫过的柿子，涩味回升甜味大减，所以人们都不用热水化冻柿子。

化冻鸡也是同样的道理，用冷水慢慢化冻，热气才能充分交换，里外都化透。

传热介质

与声音传播需要介质一样，热量的传导也需要介质。在现实生活当中，我们所能见到的每一种东西几乎都是热的传导介质，如水、空气、金属、塑料、土壤等。每一种介质传导热量的性能是不一样的，人们常用传热系数这个概念来表示介质导热的性能。

一般来说，传热系数与材料的组成结构、密度、含水率、温度等因素有关。非晶体结构、密度较低的材料，导热系数较小。材料的含水率、温度较低时，导热系数较小。

走进物理世界丛书

从茶杯谈到保温瓶

烫不破的茶杯

一位有经验的家庭主妇,当她把热茶倒到客人的茶杯里去的时候,为了避免杯子破裂,总不会忘记把茶匙放在杯子里,最好是银茶匙。是生活上的经验教会她这个正确的做法的。那么,这个做法的原理是什么呢?

首先,我们要明白,在倒开水的时候,杯子为什么会破裂。

究其原因是玻璃的各部分没有能够同时膨胀,倒到杯子里的开水,没有能够同时把茶杯烫热。它首先烫热了杯子的内壁,但是这时候,外壁却还没有来得及给烫热。内壁烫热以后,立刻就膨胀起来,但是外壁还暂时不变,因此受到了

茶匙和杯子

从内部来的强烈的挤压。这样外壁就给挤破了——玻璃破裂了。

千万不要以为杯子厚就不会烫裂。厚的杯子在这方面来说,恰好是最不可靠的;厚的杯子要比薄的更容易烫裂。原因很明显,薄的杯壁很快就会烫透,因此这种杯子内外层的温度很快会相等,也就会同时膨胀;但是厚壁的杯子呢,厚层的杯壁要烫透是比较慢的。

在选用薄的杯子或者别种薄的玻璃器皿的时候,有一点不要忘记:不但杯壁要薄,而且杯底也要薄。因为在倒开水的时候,烫得最热的恰好是杯子的底部。假如底太厚的话,那么,不论杯壁多么薄,杯子还是要破裂的。厚厚的圆底脚的玻璃杯和瓷器,是很容易烫裂的。

玻璃器皿越薄,对它加热就越可以放心。化学家就是使用非常薄的玻璃器皿的,他们用这种器皿盛了液体,就直接在灯上烧到沸腾,一点也不怕它

生活中的热学现象

会破裂。

当然,最理想的器皿应该是在加热时候完全不膨胀的那一种。石英就是膨胀得非常少的一种材料,它的膨胀程度大约只等于玻璃的 $1/20 \sim 1/15$。用透明的石英制成的厚壁器皿,可以随意加热也不会破裂。可以把烧到红热的石英器皿丢到冰水里,也不必担心它会破裂。这一半是因为石英的导热度也比玻璃大。

玻璃杯不只在受到很快加热之后才会破裂,就是在很快冷却的时候,也有同样的情形发生,原因是杯子各部分冷缩时候所受的压力并不平均。杯子的外层受冷收缩,强烈地压向内层,而内层却还没有来得及冷却和收缩。因此,举例来说,装有滚烫果酱的玻璃罐,绝不可以立刻放到严寒的地方或直接浸到冷水里面去。

让我们再回到玻璃杯里的银茶匙上来,究竟银茶匙是怎样保证杯子不破裂的呢?

玻璃杯的内外壁,只有当开水一下子很快倒进去的时候,受热程度才会有很大差别;温水却不会使杯子各部分受热有很大差别,因此也不会产生强大的压力,杯子也就不会破裂。假如杯子里放着一柄茶匙,那么会发生些什么情形呢?

当开水倒进杯子的时候,在还没有来得及烫热玻璃杯(热的不良导体)之前,会把一部分的热分给了良导体的金属茶匙,因此,开水的温度减低了,它从沸腾着的开水变成了热水,对玻璃杯就没有什么妨碍了。至于继续倒进去的开水,对于杯子已经不那么可怕,因为杯子已经来得及略为烫热了。

总而言之,杯子里的金属茶匙,特别是这柄茶匙如果非常大,是会缓和杯子受热的不平均,因而可以防止杯子的破裂的。

但是,为什么说茶匙假如是银制的,就会更好一些呢?因为银是热的良导体,银茶匙要比不锈钢的茶匙散热得更快。你一定知道,放在开水杯里的银茶匙是多么烫手!单凭这一点,就已经可以毫无错误地确定茶匙的原料了,钢制的茶匙是不会感到烫手的。

玻璃器壁膨胀不平衡的现象,不但威胁玻璃杯的完整,并且还威胁蒸汽锅炉的重要部分——用来测定锅里水位的水表计。水表管只是一段玻璃管,由于内壁受到蒸汽和锅里沸水的作用,要比外壁膨胀得多。此外,蒸汽和水的压力更加强了管壁上所受的压力,因此,这个管子(水表管)很容易破裂。为了防止它破裂,有时候用两层不同的玻璃管来做,里面一层的膨胀系数比外面一层小。

热水瓶保温的原理

倒一杯开水,把它放在空气中,不一会儿,这杯水就凉了。但是,如果把开水灌入热水瓶中,就可以较长时间地保持开水的温度。热水瓶能够保温,是由热水瓶胆的构造特征所决定的。原来,热水瓶胆由两层薄的玻璃外壳组成,两层外壳之间抽去空气,并在瓶胆一侧镀上一层薄薄的银。热水瓶胆有一个比它"身体"部分细得多的瓶口,瓶口上可以塞上软木塞。正是这样的构造使热水瓶成了"心肠热,外表冷"的保温瓶。

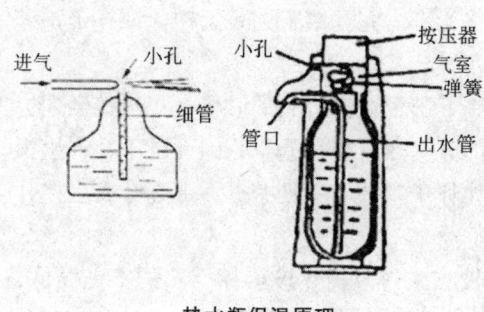

热水瓶保温原理

当在热水瓶中灌入开水以后,热水瓶的结构使水的热量不能以通常方式进行传递。一是热的对流被切断。瓶内被加热的空气会寻找所有可能的"出口"往外跑,而外面的冷空气也会无孔不入地钻进热水瓶里去。但是,由于瓶颈较细,又被软木塞紧紧地塞住,因此热对流的惟一通道被切断。二是热传导被阻塞。虽然与金属物品相比,空气的导热性能比较差,但瓶胆中的热量仍然会通过玻璃外壳传递到瓶外的空气中去。但是,由于瓶胆有两层玻璃外壳,中间又抽成真空,因此热传导的媒介物——空气变得非常稀薄,热传导的通道也被阻断。三是热辐射被杜绝。冬天,在太阳光下,我们会感到比较暖和,这正是太阳光的热辐射造成的。由于热水瓶胆镀上了一层薄薄的银,因此热量的辐射受到了银层的反射而被挡在瓶胆内部,这就使得热辐射的途径也被杜绝了。理想的情况是,瓶胆把传热的三种方式都阻断以后,热水瓶中的热水可以永久地不会冷却下来。但是,实际上热水瓶的隔热效果并不那么完善,因此热水瓶的保温总有一个时间的限度,超过这个时间限度,热水瓶就不再保温。

生活中的热学现象

真空及其应用

真空是一种不存在任何物质的空间状态，是一种物理现象。在"真空"中，声音因为没有介质而无法传递，但电磁波的传递却不受真空的影响。事实上，在真空技术里，真空系针对大气而言，一特定空间内部之部分物质被排出，使其压力小于一个标准大气压，则我们通称此空间为真空或真空状态。

真空科学实验被广泛应用，我们在生活中也能见到它的身影，最常见的是我们平时吃的一些熟食所使用的真空包装。

热学现象与保暖

暖气片安在什么地方最暖

在有暖气设备的屋子里，冬天仍然是温暖如春。这是暖气片的功劳。暖气片，就是用铸铁制成的散热片。它在不大的范围里装有层层叠叠的片状管道，因此扩大了跟空气的接触面积，管道里的蒸汽送来的热量，大部分从这儿散发出来。

空气是热的不良导体，是很不容易传热的，为什么暖气片却能把整个房间里的空气烘暖呢？

气体是会流动的，并且是热胀冷缩的。靠近暖气片的空气首先受热，体积膨胀，密度减小，变得轻了便往上升；其他部分的冷空气就流到暖气片的周围，来填补上升空气空出来的位置，它受热后体积膨胀，密度减小，接着也往上升；先前上升的空气渐渐变冷，密度又增大了，便往下流。这

暖气片

样，房间里的空气便开始上下"对流"起来。在对流的过程中，整个房间里的空气都热起来，室内也就暖和了。因为热量是暖气片上散发出来的，所以安装的位置要选好。如果你仔细观察一下，就会发现，暖气片大都安装在窗台下面。这有两个好处：第一，由于暖气片接近地面，能使室内的全部空气发生对流，所以保持了室温的均衡；第二，一旦冷空气从窗户缝里钻进来，暖气片就把它加热，起到了防冷的作用。

人们选择适当的位置安装暖气片，是为了空气更好地对流。其实，这个问题在很多地方都必须考虑，比方说，锅灶上的烟囱、仓库的天窗与地窗，究竟安在哪里好，都是有讲究的。你如果有兴趣，可以去观察一番，想想它的道理。

棉袄保暖的奥秘

假如我说，棉袄根本不会给你带来温暖，带来温暖的只是你自己，你一定认为我说错了。不信，你把棉袄给一块钢铁穿上，过一会儿，用手去摸摸它，它一点也不会暖起来。夏天你也可以用冰棍来做一个实验：把一根冰棍放在一个塑料袋中，用棉被包好；把另一根冰棍放在棉被外面。比较一下，看看冰棍在棉被里是不是得到了温暖。事实恰恰相反，棉被外面的冰棍融化了，而棉被里面的冰棍还很凉，棉被并没有给冰棍温暖。

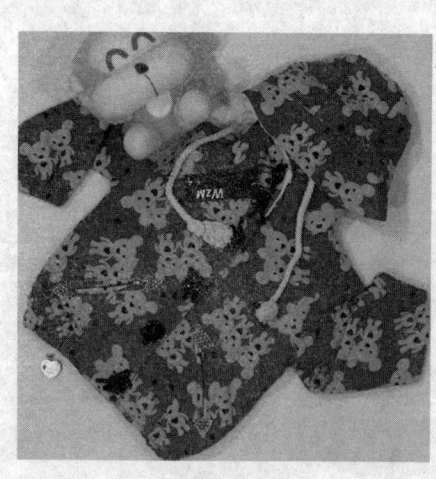

保暖的棉袄

人穿上棉袄暖和的原因，是由于它能阻止身体的热量向外散失。它只是起到保暖的作用，它同样能保冷。保暖是不让里面的热散出去，保冷就是不让外面的热量传进来，作用是一样的。所以，夏天，卖冰棍的小贩要在冰棍的外面包上一层棉被。

如果问你，棉被为什么能保温，你一定会说是因为里面有棉花。这并不错，但是深究其原因，应该说是有空气。

空气在流动的时候，由于对流，

生活中的热学现象

是可以带走大量的热；但是在空气不流动的时候，却是热的不良导体。

可以举出很多例子来说明这一点：被子被太阳晒过后特别暖。这是因为晒过的被子特别膨松，在棉花的小空隙里，有更多的空气。空气由于棉花纤维的限制不能流动，所以有很好的隔热作用。穿毛衣的人都知道，如果毛衣外面不穿一件罩衣，刮起风来就感到很冷，如果罩上一件外衣就暖和得多。这是由于在外衣和毛衣之间的那层空气，起了保暖作用。

电器制热与制冷的奥秘

冰箱制冷

普遍使用的是压缩式冰箱，制造冰箱内寒冷的是一种奇特的物质，名叫氟利昂。它有个怪脾气，在 –29.8℃ 就蒸发变成气体，同时吸收冰箱内的热量，因此放入冰箱内的任何食品，都要被它吸走热量而降低温度。

氟利昂在冰箱内制造寒冷，还同一台叫压缩机的机器有关。当压缩机运转后，便将这个吸热蒸发为气体的制冷剂压缩成高温高压蒸气，送入冷凝器，在冷凝器中将热量向四周空气中散发，并恢复成液态。氟利昂经过过滤器过滤后，又穿过只有几根头发丝粗细的毛细管回到蒸发器。高压液态的氟利昂一进入蒸发器，体积突然膨胀，又迅速地吸热气化。如此周而复始地循环，使冰箱内温度降低到需要的数值。

冰箱里有个感温器件，紧贴在蒸发器的表面。当压缩机停机时，由于蒸发器表面温度回升，感温器件就推动相应的机构，接通压缩机电机的电路，压缩机开始工作；温度下降到需要值时，压缩机即停机。通过对压缩机的开停控制，

电冰箱

自动控制温度。

通常电冰箱有单门和双门双温两种。单门冰箱上部为冷冻室,温度一般可在-4℃左右;下部为多层冷藏室,温度在0℃以上。双门双温冰箱分大小两个门,小门专控冷冻室,温度可到-18~-15℃,存放的食品可保质较长时间。大门控制冷藏室,适宜于放置如水果、罐头、饮料等,贮存期较短。

电冰箱中的冷藏室温度一般在0~8℃。根据国际标准规定,冷冻室的温度达-24℃以下的定为四星级;-18℃以下为三星级。它们冷冻食品可保存3个月以上。冷冻室温度在-12℃以下,定为二星级,食品保存期为1个月以上;-6℃以下的为一星级,保存期在1周以上。

电冰箱的寒冷冻得微生物缩手缩脚,但它们僵而不死。因此,食品的保鲜期有一定的期限,下表是各类食品在0~6℃时的保鲜期。不要以为电冰箱是食品的"保险箱"。

冰箱保鲜期限

类　别	保鲜日期
鸡蛋	14天
青菜	3~7天
西红柿	3~5天
豆腐	1~2天
奶油	14天
牛奶	5~6天
火腿	4~5天
生鱼片	1~2天
鲜鱼	2~3天
鸡鸭	2~3天
猪肉	3~4天
牛肉	2~3天

"热得快"的奥秘

"热得快"是生活中常用的一种电加热器,可以用来烧开水、热牛奶、煮

生活中的热学现象

咖啡等，快捷而方便。

"热得快"的加热螺圈通常是用一种较细的金属管绕制成的，管内装有电热丝，然后灌入氧化镁粉之类的绝缘材料，把电热丝封装固定在管中间，使它不与管壁接触。电热丝的两端再分别与电源线相接。通电后，电流从电热丝中流过，电热丝便发热。如果把"热得快"浸没在液体中，热量通过

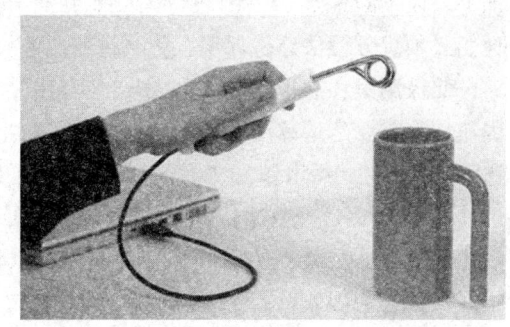

热得快

液体很快散发出来，这样使液体很快被加热，而且也不会烧坏电热丝。如果让"热得快"在空气中干烧，热量不易散发，金属外管会很快烧红，甚至烤焦，管内的电热丝便会烧断。所以，使用时应先将"热得快"放入液体内，液体最少应淹没加热螺圈（手柄及电线不能浸入液体中），然后再接通电源。加热完毕，也应先断开电源，过一小会，待"热得快"温度降低后，再从液体中拿出，擦干收藏。

由于"热得快"中的电热丝是用镍铁合金制成的细丝，一般较脆、容易震断。因此，"热得快"不能剧烈震动，如果表面有水垢或附着物，可用小毛刷轻轻刷掉，不要用硬物敲击或用小刀刮削。"热得快"一旦断丝便无法修复，只有换新的了。

因纽特人"温暖"的冰屋

冰是冷的象征，一提到它，人们就会不寒而栗。但是，在冰雪凛冽的冬天，生活在北极圈里的因纽特人，却凭着用冰垒成的房屋，熬过严寒的冬天。

在北极圈内，冬天的天气非常奇怪。第一，冬天的时间特别长。在那里，冬天不是3个月，而是半年以上。第二，黑夜的时间特别长。在因纽特人生活的地方，冬天的太阳，不是早晨从东方升起，傍晚到西边落下，而是每天仅在正南方显露一下，使人们说不清那时是早晨还是傍晚。所以在北极圈内，

冬天的日照时间非常非常短,那里冬天的气温往往低到零下50多摄氏度。再加上寒风不断地袭击,因纽特人要想在野外度过冬天,是绝对不可能的事。他们必须想方设法建房保温,防寒过冬。

北极圈里,有取之不尽的冰,又有用之不竭的水。每当冬天到来之前,因纽特人都要建造冰屋。他们就地取材,先把冰加工成一块块规则的长方体,这就是"砖";用水作为"泥"。材料准备好以后,他们再选择好的地方,泼上一些水,垒上一些冰块;再泼一些水,再垒一些冰块;前边不断地垒着,后边不断地冻结着,垒完的房屋就成为一个冻结成整体的冰屋。这种房屋很结实,被誉为因纽特人令人羡慕的艺术杰作。

因纽特人的冰屋

因纽特人的冰屋是怎样起到保暖防寒作用的呢?

首先,由于冰屋结实不透风,能够把寒风拒之屋外,所以住在冰屋里的人,可以免受寒风的袭击。

其次,冰是热的不良导体,能很好地隔热,屋里的热量几乎不能通过冰墙传导到野外。

再次,冻结成一体的冰屋,没有窗子,门口挂着兽皮门帘,这样可以大大减少屋内外空气的对流。

正因如此,冰屋里的温度,可以保持在零下几摄氏度到零下十几摄氏度,这样相对于零下50多摄氏度的野外,要暖和得多。因纽特人穿上皮衣,在这样的冰屋里完全可以安全过冬。当然,冰屋里的温度比起我们冬天的室内温度要低得多,而且冰屋里也不允许生火取暖,因为冰在0℃以上就会融化成水。

当北半球转入夏天时,北极圈内的气温便不断升高。温度一旦超过0℃,冰屋就会慢慢地融化。当下一个冬天到来之前,因纽特人又要再造新的冰屋。随着科学技术的进步和交通运输的发展,现代的因纽特人已经有了用钢筋、水泥建造的永久性住宅。但是,回顾历史,冰屋在因纽特人的生存和发展中,曾起了重要的作用。

生活中的热学现象

极夜现象

地球在围绕太阳旋转的时候,赤道平面并不和公转的轨道平面垂直,它们相交成 $23°26'$ 的夹角。每年春分,太阳直射地球的赤道。然后地球渐渐移动,到了夏天,日光直射到北半球来。经过秋分,太阳再直射赤道。到了冬季,太阳又直射南半球去了。

在夏季这段时间,北极地区整天在日光照耀之下,不管地球怎样自转,北极都不会进入地球上未被阳光照到的暗半球内,一连几个月都能看见太阳。秋分以后,阳光直射到南半球去,北极进入了地球的暗半球里,漫漫长夜方才降临。在整个冬季,日光一直不能照到北极。所以北极半年是白昼(从春分到秋分),另半年是黑夜(从秋分到春分)。同样的道理,南极也是半年白昼,半年黑夜。只不过时间和北极正好相反。

温度高的水先结冰

人们通常都会认为,一杯冷水和一杯热水同时放入冰箱时,冷水结冰快。事实并非如此。1963年的一天,在地处非洲热带的坦桑尼亚一所中学里,一群学生想做一点冰冻食品降温。一个名叫埃拉斯托·穆宾巴的学生在热牛奶里加了糖后,准备放进冰箱里做冰淇淋。他想,如果等热牛奶凉后放入冰箱,那么别的同学将会把冰箱占满,于是就将热牛奶放进了冰箱。过了不久,他打开冰箱一看,令人惊奇的是,自己的那杯热牛奶已经变成了一杯可口的冰淇淋,而其他同学用冷水做的冰淇淋还没有结冰。他的这一发现并没有引起同学们的注意,相反成为他们的笑料。

他去请教物理老师,为什么热牛奶反而比冷牛奶先冻结?老师的回答是:"你一定弄错了,这样的事是不可能发生的。"后来穆宾巴进了伊林加的姆克瓦高中,他向物理老师请教:"为什么热牛奶和冷牛奶同时放进冰箱,热牛奶先冻结?"老师的回答是:"我所能给你的回答是:你肯定错了。"当他继续提出问题与老师辩论时,老师讥讽他:"这是穆宾巴的物理问题。"穆宾巴想不通，但又不敢顶撞老师。一个极好的机会终于来到了，达累斯萨拉姆大学物理系主任奥斯玻恩博士访问该校，做完学术报告后回答同学的问题。穆宾巴鼓足勇气向他提出问题："如果你取两个相似的容器，放入等容积的水，一个处于35℃，另一个处于100℃，把它们同时放进冰箱，100℃的水先结冰，为什么？"奥斯玻恩博士的回答是："我不知道，不过我保证在我回到达累斯萨拉姆之后亲自做这个实验。"结果他和他的助手做了这个实验，证明穆宾巴说的现象是事实！这究竟是怎么一回事呢？

有科学家为了揭开上述令人费解之谜做了大量实验，惊奇地发现，不同初温的水结成的冰的结构不同。这就启发科学家观察水正在结冻时的情况。结果果然不同。冷水结冻时：冰成包围状由外向内层层结冻。而热水则多数是：先在内外同时形成絮状冰，然后迅速同时结冻。这足以证明冷水结冻时内部还没能达到冰点。而热水由于对流较强内外同时达到冰点，这种水在絮状冰出现时对流仍然存在，能把内部散热及时导出，所以这种水先完全结冻。热水最后结成的冰是上下纵向排列的"立茬冰"，这就是絮状冰出现后上下对流仍然存在的物证。冷水结冰是由外向内层层渐进的，只有外层冰温度低于0℃后，才能使内层散热开始结冰，其结冻时以热传导途径为主散热，所以从开始结冰到完全结冻需要更长的时间。

如果两杯水初温与冷冻室温度差都低于20℃，冷却时均难形成较强对流，则散热都以热传递为主，这样两杯水同时冷却则初温低者先结冻。若两杯水初温与冷冻室温度差不同时，且只有初温高者对流较强，可以形成絮状冰而内外同时结冻，先完全结冻。若两杯水温度都较高，而初温低者率先结成絮状冰，则初温底者先完全结冻。所以并非温度越高结冻越快，也非温度越低结冻越快。

"冻短"的塞纳河大桥

1927年12月，欧洲报纸上登出了这样一条惊人的消息：法国遭到连续几天严寒的袭击，巴黎市中心的塞纳河桥受到严重的破坏。桥的铁架遇冷收缩，因此桥面上的砖突起碎裂。桥上交通只得暂时断绝。桥居然被冻短了！

原来，这是冷缩的结果。我们知道，一般的物体都会遇热膨胀，遇冷收缩。例如钢轨的温度从0℃升高到1℃，它的长度就会增加原长的0.000011倍。在炎热的夏天，赤日照在钢轨上，温度可以达到30℃～40℃，摸起来烫手；在严寒的冬天，钢轨又会冷到－25℃，甚至达到－40℃。就算夏天和冬天温度只差50℃吧，北京到太原的铁路长514千米，冬夏之间就差上大约280米！

塞纳河大桥

所以，铁路路面的钢轨并不是密接的，每根钢轨之间都留有一定的间隙。你也许会说，把铁桥固定住，不让它热胀冷缩不行吗？这可不容易，热胀冷缩产生的力是巨大的。如果拿一根外径216毫米、壁厚8毫米、长100毫米的钢管，我们把它的两端牢牢固定，从0℃加热到100℃，钢管向外的推力竟能达到127吨！反过来，当这个钢管从100℃的高温降到0℃时，也会产生那么大的拉力。如果建筑物里埋下这种钢管，恐怕过不了几个月后，就会千疮百孔了。为了避免因热胀冷缩影响建筑物的结构，各种热气管和热液管都要在管道中安装伸缩管，当导管热胀冷缩时，只改变伸缩管的弯曲程度，不会影响其他部分。也许你会接着问：塞纳河大铁桥遇冷收缩了，它上边的砖和水泥也要遇冷收缩，为什么会把砖压坏呢？这是由于桥和砖冷的程度不同造成的。

温度升高时，固体的长度增长叫固体的线膨胀。温度上升1℃固体线度的增加距与0℃时线度的比叫做线胀系数。不同物质的线胀系数是不同的。铁的线胀系数是0.000012，钢的线胀系数是0.000011，水泥的线胀系数是0.000014。这样，不同物质有时会互相挤压，有时会互相远离，于是就会发生塞纳河大铁桥之类的事故。

神奇的超低温世界

1960年8月24日，科学家在南极洲测得了－88.3℃的低温数值，这在当时是从来没有过的最低气温记录。难怪人们把那里称为"世界寒极"。

生活中的热学

寒冷的南极洲

可是,跟月亮相比,地球上的寒极还算暖和的哩!在月亮上,背着太阳那一面的温度,能下降到-160℃,真是个名副其实的"广寒宫"啊!不过,这还不是最低的温度。在宇宙深处远离太阳的海王星,温度竟低到-229℃。

那么,寒冷到底有没有尽头呢?科学家们从理论上推算出这个尽头为-273.16℃,称它为"绝对零度";人们通常把零下一二百摄氏度以下的低温,叫做超低温。

随着温度的不断降低,物质发生着巨大的变化,出现了许多神奇的现象。

20世纪初,英国著名探险家斯科特率领一支船队,浩浩荡荡直奔南极,南极洲遥遥在望了,探险队员们都在紧张地为登陆做准备。突然船上的油库焊缝上的锡变成了灰色粉末,焊锡口全裂开了。于是这次探险活动被迫中断。这个谜,经过好长一段时间科学家才弄明白,原来寒冷像魔术师一样,把锡块变成了锡粉。

这种现象在俄国也曾发生过。

19世纪的一个冬天,俄国彼得堡的天气异常寒冷。彼得堡军用仓库管理员向军队发放了崭新的军大衣。官兵们接到这批军大衣后,发现所有的军大衣都没有纽扣。他们非常气愤,于是上告到沙皇那里。沙皇听了勃然大怒,下令要严惩监制军装的大臣。大臣哀求沙皇宽限他几天,以便进行调查。

大臣到了仓库,一看别的军装也都没有扣子。管理员告诉他,军装入库时是有扣子的。为什么军装在仓库里纽扣就消失了呢?大臣非常惊奇。他又仔细观察了一会儿,发现钉扣子的线没有割断的痕迹,只是在每个钉扣子的地方有一小堆灰色粉末。管理员告诉他,军装上原来钉的是锡做的纽扣。

"为什么锡扣子在仓库里变成灰色粉末了呢?"大臣百思不解,找到了彼得堡科学院,请他们给予解释。科学家们为这个问题搅尽了脑汁。后来,一位科学家跑到大臣那里,说他能解开这个谜。大臣半信半疑,就和科学家一

生活中的热学现象

起去拜见沙皇,说锡纽扣变成粉末是天冷冻的。沙皇不相信,非要科学家拿出证据不可。科学家要了一把锡酒壶放到花园里的一个石头桌子上。几天以后,科学家和大臣陪同沙皇一起到花园去观察锡壶。一看,锡壶仍旧放在那里,沙皇、大臣不约而同地怒视着科学家。科学家胸有成竹地走到锡壶跟前,轻轻地用手指一捅,锡酒壶就像沙子堆似的塌了下来,变成一堆粉末。科学家解释说,因为今年冬天天气特别冷,所以把军大衣上的锡纽扣和锡酒壶冻成锡粉末了。寒冷为什么会把锡纽扣冻成锡粉呢?

原来,锡有两种同素异晶体。在熔点以下,18℃以上时,锡为白色,叫白锡,很稳定,具有正方晶格,比重为7.3;温度低于18℃时,锡多为灰锡,其结晶为钻石形的立方晶格,比重为5.85。锡随温度的降低由白锡变为灰锡时,其晶格结构要发生改变,其体积增加30%左右,锡便崩解了。人们把锡的崩解,叫做"锡疫",也叫做锡的"相变"。但我们为什么不能经常看见锡的这种崩解现象呢?这是因为在温度略低于18℃时,相变速度很慢,随着温度的继续下降,相变速度加快。当温度下降到-30℃时,相变速度最快。锡的相变速度除了与温度有关外,还与锡所含的杂质有关。就拿锑来说吧,它就可以减慢锡的相变速度,当锡中含锑量达到0.5%时,就可以阻止相变的发生。

后来,人们陆续发现,在零下190多摄氏度,空气会变成浅蓝色的液体。到-200℃以下,橡胶变得像玻璃一样脆;水银成了固体,而且可以锤成薄片;鸡蛋摔在地上会像皮球一样跳起来。

研究各种物质在超低温世界里的性质,可以使我们进一步了解物质构造的本质。

科学家们发现,金属导体的电阻随温度的增高而增大,随温度的降低而减小。1911年,荷兰物理学家卡麦林·翁纳斯一次在低温下测量水银,发现了一种奇特的现象,当温度下降到-269℃的时候,它的电阻突然消失了。这种现象被称为"超导电性",具有超导电性的物质,叫做"超导体"。以后,又接连发现,铝、锡、铅、铌、钽等金属,在一定的低温环境里,也具有完全导电的超导电特性,至今已获得几十种金属、几千种合金及化合物的超导体。采用超导体这门新技术,通讯卫星的重量可减轻到2千克多一点;悬浮火车能够离开轨道一定的高度,以每小时500~1000千米的速度运行……

目前，人们利用超低温技术，把空气降温加压制成液态空气。然后再慢慢蒸发、分馏，便可制得纯净的氧气、氮气、二氧化碳、氦气、氖气、氩气等。几年前，我国试制成功一种空心里边流着液态空气的"冷刀"，做起手术来，能起麻醉、止血作用，减轻了病人的痛苦。

为了彻底揭开超低温世界的秘密，科学家们正在顽强地向绝对零度进军，让它为人类作出更大的贡献。

有趣的"热释光时钟"

1971年初夏，在美国季山博物馆发生了一桩奇怪的事情。一天下午，风和日丽，游客如云。在宽敞的陈列室里，一位中年妇女在缓步浏览，欣赏着橱内陈列着的东方陶器。蓦地，她像被什么东西吸引似的，停住脚步，仔细观察。当她看到里面陈列的是一件两千多年前的中国战国时代纹饰华丽的陶壶时，突然发出一声惊叫："不可能，这是假的！"管理人员闻声赶来，用惊奇的眼光凝视了一番后，请她到客厅叙谈。原来，这位女士的丈夫霍特是英国的古玩收藏家。20多年前，夫妇俩高价买进了几件中国战国时代的陶器。经专家鉴别，均属真品，而今天却出现和自己珍藏的那件完全一样的壶，使她疑惑起来：世界上哪里会有两件完全一样的古物呢？

这两件陶壶究竟哪件是真，哪件是假，直到1972年，英国牛津大学考古学术史研究室用鉴定陶瓷真假的最新方法——热释光法，对它们的烧制年代进行科学测定后，才使真仿之谜彻底揭开。原来这两件陶壶全属赝品。热释光法是怎样测定古陶年代的呢？因为烧制陶器的均是黏土，故大多数都含微量天然放射性物质铀，以及一定数量的石英、长石等结晶体。晶体受到放射性物质产生的射线辐照后，会把一部分辐射能贮藏在晶体中。当陶器加热到一定温度时，贮藏的辐射能就以微弱的光的形式放出来，这就是热释光。它大部分是可见光，但发光量极其微弱，必须用高灵敏度的仪器才能把它检测出来。陶器在烧制时，经过700℃～1000℃的高温，它在烧制时晶体中贮藏的辐射能全部变成光而消失了。所以，刚烧好的陶器，热释光等于零。但陶器中的放射性物质是烧不掉的。从器物烧成那天开始，陶器中的晶体又重新把射线提供的辐射能贮藏起来，年代越久，贮存的能量越多，产生的热释光的

生活中的热学现象

量也就越多。因此,也有人把这个方法叫"热释光时钟"。热释光测定技术,是近些年才发展起来的。它主要用于两个方面:一是测定发掘出土的陶器的烧制年代;二是用于鉴定陶瓷艺术品的真伪。

热释光鉴定真伪的特性要求不像测定出土陶器的年代那么高,因此方法可以大大简化,甚至在几个小时内就能完成。有些国家已利用这种方法进行海关出口鉴定;有的博物馆的馆藏文物必须附有热释光鉴定书。

热能与热学的应用
RENENG YU REXUE DE YINGYONG

热能是应用最为广泛的能量，热学则是应用最为广泛的学科。可以说，我们生活的方方面面都可以看到热能的身影，人们的衣食住行时时刻刻都离不开热学的支撑。

人类利用热能的历史非常悠久，人类文明的每一次进步几乎都与热能的利用分不开。火的使用让人从兽类中分化出来，陶瓷烧制工艺的发明使得人类文明向前迈进了一大步，金属冶炼技术的出现与改进更是让人类文明得到了前所未有的发展。在科技进步日新月异的今天，火箭升空、核能的和平利用、太阳能的开发与应用等，无不需要热学理论的支撑。

了解热学在生产、生活中的应用，对培养大家学习热学的兴趣，树立科学理想都是大有裨益的事情。

焊接技术与焊接艺术

焊接技术就是高温或高压条件下，使用焊接材料（焊条或焊丝）将两块或两块以上的母材（待焊接的工件）连接成一个整体的操作方法，是通过加热、加压，或两者并用，使同性或异性两工件产生原子间结合的加工工艺和连接方式。焊接技术主要应用在金属母材上，常用的有电弧焊、氩弧焊、CO_2 保护焊、氧气—乙炔焊、激光焊接及电渣压力焊等多种，塑料等非金属材料亦可进行焊接。

焊接技术的发展历史

焊接技术是随着金属的应用而出现的，古代的焊接方法主要是铸焊、钎焊和锻焊。中国商朝制造的铁刃铜钺，就是铁与铜的铸焊件，其表面铜与铁的熔合线蜿蜒曲折，接合良好。春秋战国时期曾侯乙墓中的建鼓铜座上有许多盘龙，是分段钎焊连接而成的。经分析，与现代软钎料成分相近。

战国时期制造的刀剑，刀刃为钢，刀背为熟铁，一般是经过加热锻焊而成的。据明朝宋应星所著《天工开物》一书记载：中国古代将铜和铁一起入炉加热，经锻打制造刀、斧；用黄泥或筛细的陈旧壁土撒在接口上，分段煅焊大型船锚。中世纪，在叙利亚大马士革也曾用锻焊制造兵器。

古代焊接技术长期停留在铸焊、锻焊和钎焊的水平上，使用的热源都是炉火，温度低、能量不集中，无法用于大截面、长焊缝工件的焊接，只能用于制作装饰品、简单的工具和武器。

19 世纪初，英国的戴维斯发现电弧和氧乙炔焰两种能局部熔化金属的高温热源；1885～1887 年，俄国的别纳尔多斯发明碳极电弧焊钳；1900 年又出现了铝热焊。

20 世纪初，碳极电弧焊和气焊得到应用，同时还出现了薄药皮焊条电弧焊，电弧比较稳定，焊接熔池受到熔渣保护，焊接质量得到提高，使手工电弧焊进入实用阶段。

在此期间，美国的诺布尔利用电弧电压控制焊条送给速度，制成自动电弧焊机，成为焊接机械化、自动化的开端。1930 年，美国的罗宾诺夫发明使用焊丝和焊剂的埋弧焊，焊接机械化得到进一步发展。20 世纪 40 年代，为适应铝镁合金和合金钢焊接的需要，钨极和熔化极惰性气体保护焊相继问世。

1951 年，前苏联的巴顿电焊研究所创造的电渣焊，成为大厚度工件的高效焊接法。1953 年，前苏联的柳巴夫斯基等人发明二氧化碳气体保护焊，促进了气体保护电弧焊的应用和发展，得以出现了混合气体保护焊、药芯焊丝气渣联合保护焊和自保护电弧焊等。

1957年美国的盖奇发明等离子弧焊；20世纪40年代德国和法国发明的电子束焊，在50年代得到实用和进一步发展；60年代等离子、电子束和激光焊接方法的出现，标志着高能量密度熔焊的新发展，大大改善了材料的焊接性，使许多难以用其他方法焊接的材料和结构得以焊接。

其他的焊接技术还有1887年美国的汤普森发明的电阻焊，并用于薄板点焊和缝焊。缝焊是压焊中最早的半机械化焊接方法，随着缝焊过程的进行，工件被两滚轮推送前进；20世纪20年代开始使用闪光对焊方法焊接棒材和链条。至此电阻焊进入实用阶段。1956年，美国的琼斯发明超声波焊；前苏联的丘季科夫发明摩擦焊；1959年，美国斯坦福研究所研究成功爆炸焊；50年代末前苏联又制成真空扩散焊设备。

金属艺术焊接

艺术创造与工艺方法永远是密不可分的。作为一种工业技术，焊接的出现迎合了金属艺术发展对新的工艺手段的需要。而在另一方面，金属在焊接热量作用下所产生的独特美妙的变化也满足了金属艺术对新的艺术表现语言的需求。在今天的金属艺术创作中，焊接可以而且正在被作为一种独特的艺术表现语言而着力加以表现。

金属焊接艺术可以作为一种相对独立的艺术形式以分支的方式从传统的金属艺术中分离出来，这是因为：

首先，焊接具有艺术性。

焊接可以产生丰富的艺术表现语言。焊接通常是在高温下进行的，而金属在高温下会产生许多美妙丰富的变化：金属母材会发生颜色变化和热变形（焊接热影响区）；焊丝熔化后会形成一些漂亮的肌理；而焊接缺陷在焊接艺术中更是经常被应用。焊接缺陷是指焊接过程中，在焊接接头产生的不符合设计或工艺要求的缺陷。其表现形式主要有焊接裂纹、气孔、咬边、未焊透、未熔合、夹渣、焊瘤、塌陷、凹坑、烧穿、夹杂等。这是个十分有趣的现象。焊接的艺术性通常体现在一些工业焊接的失败操作之中，或者说蕴藏于一些工业焊接极力避免的焊接缺陷之中。

其次，焊接的艺术语言是独特的。上述种种焊接缺陷的表现形式以及焊接热影响区，是通过一定规范下的焊接操作形成的，也只有通过焊接的方式

热能与热学的应用

才会产生这些艺术语言。焊接艺术作品的表面效果是其他金属加工工艺无法或者很难实现的，因而说焊接艺术具有独特的艺术性。

选用不同的金属材料，使用不同的焊接工艺，焊接的艺术性可以在不同的金属艺术形式中发挥得淋漓尽致。

金属焊接雕塑

在焊接雕塑作品中，焊缝和割痕不是作为一种技术加工的痕迹被动地存在，而是以一种精彩的、不可或缺的表现语言着力地加以体现的。一件焊接雕塑，粗的焊缝裸露在雕塑表面，各种不规则的切割痕迹也变成了艺术家优美的艺术语言……在很多情况下，由于焊接雕塑所追求的粗糙质朴风格，金属的锈蚀、瑕疵也大多根据

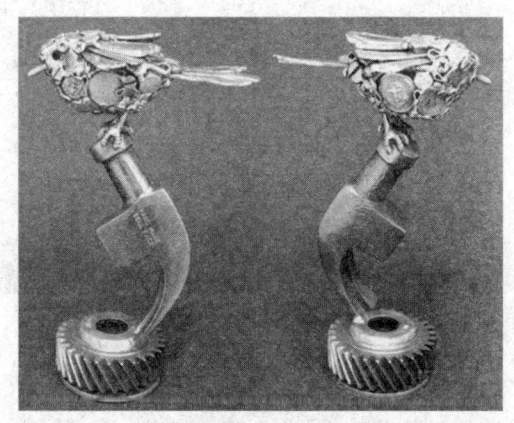

金属焊接雕塑

作品的需要特意保留，因此，在焊接雕塑中常常可以感觉到一种非雕琢的、原始的美。

金属焊接壁饰

如果把一幅壁饰作品看成一幅画的话，画面中的点、线、面，甚至黑、白、灰颜色的处理都可以通过焊接的方法来实现。各种型号、各种材质的金属丝，应用不同的焊接工艺会在画面上以不同的形式出现。不同金属的颜色不同，不锈钢为亮银色，铝材为亚银色，碳钢为乌亮色……而且就钢材来说，不同的钢材在高温受热时会出现不同的颜色变化，即焊接热影响区不同。另外，切割也是焊接艺术壁饰创作的方法之一，既可以与焊接结合使用，也可以单独使用，这完全取决于创作者的创作意图和对工艺与效果的掌握程度。

惰性气体

惰性气体是稀有气体的别称。稀有气体是指由稀有元素氦、氖、氩、氪、氙等的单个原子构成的气体，其固态时都是分子晶体。稀有气体的单质在常温下为气体，且除氩气外，其余几种在大气中含量很少，故得名"稀有气体"。

稀有气体的化学性质很不活泼，所以过去人们曾认为他们与其他元素之间不会发生化学反应，称之为"惰性气体"。其实，惰性气体也可以与其他物质发生反应，只是需要的条件比较苛刻。现在，人们已经采用人工方法合成了稀有气体化合物。

热在陶瓷工艺中的应用

陶瓷是陶器和瓷器的总称。中国早在约公元前 8000 ~ 前 2000 年（新石器时代）就发明了陶器。陶瓷材料大多是氧化物、氮化物、硼化物和碳化物等。常见的陶瓷材料有黏土、氧化铝、高岭土等。陶瓷材料一般硬度较高，但可塑性较差。除了在食器、装饰的使用外，在科学、技术的发展中亦扮演重要角色。陶瓷原料是地球原有的大量黏土经过萃取而成。而黏土的性质具韧性，常温遇水可塑，微干可雕，全干可磨；烧至 700℃ 可成陶器能装水；烧至 1230℃ 则瓷化，可完全不吸水且耐高温耐腐蚀。

陶器的发展

陶器的发明是原始社会新石器时代的一个重要标志。

我国已发现距今约 10000 年新石器时代早期的残陶片。河北徐水县南庄头遗址发现的陶器碎片经鉴定为 10800 ~ 9700 年前的遗物。此外，在江西万年县、广西桂林甑皮岩、广东英德县青塘等地也发现了距今 10000 ~ 7000 年的陶器碎片。

因 1973 年在河北武安磁山首次发现而得名的磁山文化，据放射性碳素测定，距今 7900 年以上。1977 年考古人员在河南新郑裴李岗发现了与磁山文化

热能与热学的应用

时代相当、内容近似的文化遗存，因此合称为"磁山·裴李岗文化"。

磁山·裴李岗文化早于仰韶文化，是黄河中游地区新石器时代文化的代表。该文化的陶器主要有鼎、罐、盘、豆、三足壶、三足钵、双耳壶等，器物以素面无文者居多，部分夹砂陶器饰有花纹。

1973年首次发掘于浙江余姚河姆渡而命名的河姆渡文化距今7000左右，在该文化遗址也出土了大量的陶器。河姆渡文化的陶器为黑陶，造型简单，早期盛行刻画花纹。

在河南渑池县仰韶村的新石器时

陶 器

代遗址和陕西省西安市郊的半坡遗址都发现了大量做工精美、设计精巧的彩陶。这两个新石器时代遗址都属于母系社会遗址，有6000年以上的历史。

随着社会的不断进步，陶器的质量也逐步提高。到了商代和周代，已经出现了专门从事陶器生产的工种。在战国时期，陶器上已经出现了各种优雅的纹饰和花鸟。这时的陶器也开始应用铅釉，使得陶器的表面更为光滑，也有了一定的色泽。

到了西汉时期，上釉陶器工艺开始广泛流传起来。多种色彩的釉料也在汉代开始出现。有一种盛行于唐代的陶器，以黄、褐、绿为基本釉色，后来人们习惯地把这类陶器称为"唐三彩"。唐三彩是一种低温釉陶器，在色釉中加入不同的金属氧化物，经过焙烧，便形成浅黄、赭黄、浅绿、深绿、天蓝、褐红、茄紫等多种色彩，但多以黄、褐、绿三色为主。唐三彩的出现标志着陶器的种类和色彩已经开始更加丰富多彩。

瓷器的发展

瓷器是中国人发明的，这是举世公认的。瓷器的发明是在陶器技术不断发展和提高的基础上产生的。商代的白陶以是用瓷土（高岭土）做原料，烧

走进物理世界丛书

成温度达1000℃以上，它是原始瓷器出现的基础。

瓷　器

白陶的烧制成功对由陶器过渡到瓷器起了十分重要的作用。

在商代和西周遗址中发现的"青釉器"已明显地具有瓷器的基本特征。它们质地较陶器细腻坚硬，胎色以灰白居多，烧结温度高达1100℃～1200℃，胎质基本烧结，吸水性较弱，器表面施有一层石灰釉。但是它们与瓷器还不完全相同，被人称为"原始瓷"或"原始青瓷"。

原始瓷从商代出现后，经过西周、春秋战国到东汉，历经了1600～1700年间的变化发展，由不成熟逐步发展到成熟。

东汉以来至魏晋时制作的瓷器，从出土的文物来看多为青瓷。这些青瓷的加工精细，胎质坚硬，不吸水，表面施有一层青色玻璃质釉。这种高水平的制瓷技术，标志着中国瓷器生产已进入一个新时代。

我国白釉瓷器萌发于南北朝，到了隋朝，已经发展到成熟阶段。至唐代更有新的发展。瓷器烧成温度达到1200℃，瓷的白度也达到了70％以上，接近现代高级细瓷的标准。这一成就为釉下彩和釉上彩瓷器的发展打下基础。

宋代瓷器，在胎质、釉料和制作技术等方面，又有了新的提高，烧瓷技术达到完全成熟的程度。在工艺技术上，有了明确的分工，是我国瓷器发展的一个重要阶段。宋代闻名中外的名窑很多，耀州窑、磁州窑、景德镇窑、龙泉窑、越窑、建窑以及被称为宋代五大名窑的汝、官、哥、钧、定等产品都有它们自己独特的风格。耀州窑（陕西铜川）产品精美，胎骨很薄，釉层匀净；磁州窑（河北彭城）以磁石泥为坯，所以瓷器又称为磁器。磁州窑多生产白瓷黑花的瓷器；景德镇窑的产品质薄色润，光致精美，白度和透光度之高被推为宋瓷的代表作品之一；龙泉窑的产品多为粉青或翠青，釉色美丽光亮；越窑烧制的瓷器胎薄，下巧细致，光泽美观；建窑所生产的黑瓷是宋代名瓷之一，黑釉光亮如漆；汝窑为宋代五大名窑之冠，瓷器釉色以淡青为主色，色清润；官窑是否存在一直是人们争议的问题，一般学者认为，官窑就是卞京官窑，窑设于卞京，为宫廷烧制瓷器；哥窑在何处烧造也一直是人们争议的问题，根据各方面资料的分析，哥窑烧造地点最大的可能是与北宋官窑一起生产；钩窑烧造的彩色瓷器较多，以胭脂红最好，葱绿及墨色的瓷器也不错；定窑生产的瓷器胎细，质薄而有光，瓷色滋润，白釉似粉，称粉定或白定。

我国古代陶瓷器釉彩的发展，是从无釉到有釉，又由单色釉到多色釉，然后再由釉下彩到釉上彩，并逐步发展成釉下与釉上合绘的五彩、斗彩。

彩瓷一般分为釉下彩、釉中彩和釉上彩三大类，在胎坯上先画好图案，上釉后入窑烧炼的彩瓷叫釉下彩（温度1100~1340℃）；上釉后入窑烧成的瓷器再彩绘再烧1100~1340℃为釉中彩，上釉后入窑烧成的瓷器再彩绘，又经炉火烘烧（600~800℃）而成的彩瓷，叫釉上彩。明代著名的青花瓷器就是釉下彩的一种。

陶瓷工艺流程

（1）淘泥。高岭土是烧制瓷器的最佳原料，千百年来，多少精品陶瓷都是从这些不起眼的瓷土演变而来。制瓷的第一道工序——淘泥，就是把瓷土淘成可用的瓷泥。

（2）摞泥。淘好的瓷泥并不能立即使用，要将其分割开来，摞成柱状，以便于储存和拉坯用。

（3）拉坯。将摞好的瓷泥放入大转盘内，通过旋转转盘，用手和拉坯工具，将瓷泥拉成瓷坯。

（4）印坯。拉好的瓷坯只是一个雏形，还需要根据要做的形状选取不同的印模将瓷坯印成各种不同的形状。

（5）修坯。刚印好的毛坯厚薄不均，需要通过修坯这一工序将印好的坯修刮整齐和匀称。

（6）捺水。捺水是一道必不可少的工序，即用清水洗去坯上的尘土，为接下来的画坯、上釉等工序做好准备工作。

（7）画坯。在坯上作画是陶瓷艺术的一大特色，画坯有好多种，有写意的、有贴好画纸勾画的，无论怎样画坯都是陶瓷工序的点睛之笔。

（8）上釉。画好的瓷坯，粗糙而又呆涩，上好釉后则全然不同，光滑而又明亮；不同的上釉手法，又有全然不同的效果。

（9）烧窑。千年窑火，延绵不息，经过数十道工序精雕细琢的瓷坯，在窑内经受千度高温的烧炼，就像一只丑小鸭行将化作一只美天鹅。

（10）成瓷。经过几天的烧炼，窑内的瓷坯已变成了件件精美的瓷器，从打开的窑门中迫不及待地脱颖而出。

（11）成瓷缺陷的修补。一件完美的瓷器有时烧出来会有一点瑕疵，需要进行修补，也可以修补人为等因素造成的破裂和损害。

火箭升空的动力之源

火箭是目前惟一能使物体达到宇宙速度，克服或摆脱地球引力，进入宇宙空间的运载工具。火箭的速度是由火箭发动机工作获得的。早在1903年，齐奥尔科夫斯基就推导出单级火箭的理想速度公式：$V = \omega Ln M_o/M_k$，被称为齐奥尔科夫斯基公式。ω为发动机的喷气速度，M_o和M_k分别是火箭的初始质量和发动机熄火（推进剂用完）时的质量。M_o/M_k被称为火箭的质量比。

火箭

由这个公式可知，火箭的速度与发动机的喷气速度成正比，同时随火箭的质量比增大而增大。即使使用性能最好液氢液氧推进剂，发动机的喷气速度也只能达到4.3~4.4千米/秒。因此，单级火箭不可能把物体送入太空轨道，必须采用多级火箭，以接力的方式将航天器送入太空轨道。

用于运载航天器的火箭叫航天运载火箭，用于运载军用

热能与热学的应用

炸弹的火箭叫火箭武器（无控制）或导弹（有控制）。航天运载火箭一般由动力系统、控制系统和结构系统组成，有的还加遥测、安全自毁和其他附加系统。

多级火箭各级之间的连接方式，有串联、并联和串并联几种。串联就是把几枚单级火箭串联在一条直线上；并联就是把一枚较大的单级火箭放在中间，叫芯级，在它的周围捆绑多枚较小的火箭，一般叫助推火箭或助推器，即助推级；串并联式多级火箭的芯级也是一枚多级火箭。

多级火箭各级之间、火箭和有效载荷及整流罩之间，通过连接一分离机构（常简称为分离机构）实现连接和分离。分离机构由爆炸螺栓（或爆炸索）和弹射装置（或小火箭）组成。平时，它们由爆炸螺栓或爆炸索连成一个整体；分离时，爆炸螺栓或爆炸索爆炸，使连接解锁，然后由弹射装置或小火箭将两部分分开，也有借助前面一级火箭发动机启动后的强大射流分开的。

火箭技术是一项十分复杂的综合性技术，主要包括火箭推进技术、总体设计技术、火箭结构技术、控制和制导技术、计划管理技术、可靠性和质量控制技术、试验技术，对导弹来说还有弹头制导和控制、突防、再入防热、核加固和小型化等弹头技术。

火箭的历史由来

根据古书记载，"火箭"一词最早出现在公元3世纪的三国时代，距今已有1700多年的历史了。当时在敌我双方的交战中，人们把一种头部带有易燃物、点燃后射向敌方、飞行时带火的箭叫做火箭。这是一种用来火攻的武器，实质上只不过是一种带"火"的箭，在含义上与我们现在所称的火箭相差甚远。唐代发明火药之后，到了宋代，人们把装有火药的筒绑在箭杆上，或在箭杆内装上火药，点燃引火线后射出去，箭在飞行中借助火药燃烧向后喷火所产生的反作用力使箭飞得更远，人们又把这种喷火的箭叫做火箭。这种向后喷火、利用反作用力助推的箭，已具有现代火箭的雏形，可以称之为原始的固体火箭。

火箭是以热气流高速向后喷出，利用产生的反作用力向前运动的喷气推进装置。通常"火箭"一词也包括导弹、航天器，甚至烟花焰火。

最常见的火箭燃烧的是固体或液体的化学推进剂。推进剂燃烧产生热气，

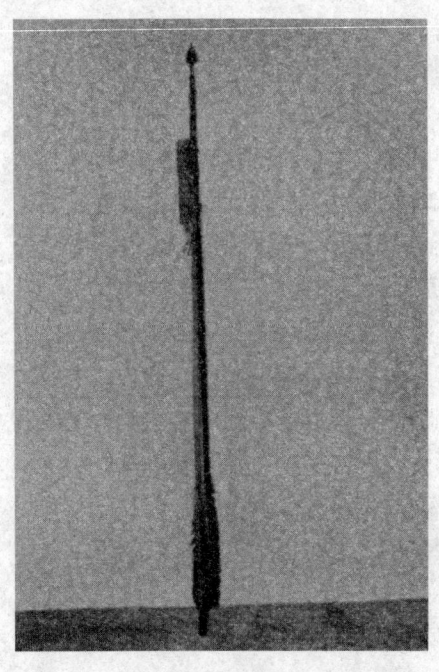

宋代火箭

通过喷口向火箭后部喷出气流。火箭自带燃料和氧化剂,而其他各种喷气发动机仅须携带燃料,燃料燃烧所需的氧取自空气中。所以,火箭可以在地球大气层以外使用,而其他喷气发动机不能。火箭发射时产生巨大的推力使火箭在很短的时间内迅速升入高空,随着燃料不断减少,火箭自身质量逐渐减小,在与地球距离增大的同时,质量和重力影响不断下降,火箭速度也因此越来越快。"土星"5号火箭启程登月时,5台发动机每秒钟消耗近3吨煤油,它们产生的推力相当于32架波音747的起飞推力。19世纪火箭出现了几项重大技术进步:燃料容器的纸壳改为金属壳,延长了燃烧的持续时间;火药推进剂的配方标准化;制造出发射台;发现了自旋导向原理等。19世纪末,火箭开始用于非军事目的,如用火箭携带救生索飞向海上遇难船只。19世纪末20世纪初美国科学家戈达德和其他几位专家奠定了现代火箭技术的基础,并发射了第一枚液体燃料火箭。

20世纪70年代,美国研制出全新的火箭动力航天运载工具即航天飞机。它主要分3个部分:机身后部装有3台主发动机的轨道飞行器;装有液氢和液氧推进剂的外挂燃料箱(5分钟后脱落),保证主发动机工作;装有2台可分离的固体燃料火箭发动机(2分钟后脱落),它们与轨道飞行器主发动机同时启动,提供初始升空阶段的推力。1981年4月12日,人类第一架航天飞机"哥伦比亚"号发射升空。

中国古代火箭技术传到欧洲之后,经改进,火箭曾被列为军队的装备。早期的火箭射程近、落点散布大,以后被火炮代替。第一次世界大战后,随着科学技术的不断进步,火箭武器得到迅速发展,并在第二次世界大战中发

热能与热学的应用

挥了威力。

19世纪80年代，瑞典工程师拉瓦尔发明了拉瓦尔喷管，使火箭发动机的设计日臻完善。19世纪末20世纪初，液体火箭技术开始兴起。1903年，俄国的K.E.齐奥尔科夫斯基提出了制造大型液体火箭的设想和设计原理。1926年3月16日，美国的火箭专家、物理学家R.H.戈达德试飞了第一枚无控液体火箭。1944年，德国首次将有控的、用液体火箭发动机推进的V—2导弹用于战争。1931年5月，德国科学家赫尔曼·奥伯特领导的宇宙航行协会试验成功了欧洲的第一枚液体火箭。到了1932年，德国军方在参观该协会研制的液体火箭发射试验之后，意识到火箭武器在未来战争中具有的巨大潜力，便开始组织一批科学家和工程技术人员，集中力量秘密研制火箭武器。到40年代初，德国在第二次世界大战中期，先后研制成功了能用于实战的V-1、V-2两种导弹。其中V-1是一种飞航式有翼导弹，采用空气喷气发动机作动力装置；V-2是一种弹道式导弹，采用火箭发动机作动力装置。第二次世界大战以后，前苏联和美国等相继研制出包括洲际弹道导弹在内的各种火箭武器。

中国于20世纪50年代开始研制新型火箭。1970年4月24日，用"长征"1号三级运载火箭成功地发射了第一颗人造地球卫星。1975年11月26日，用更大推力的"长征"2号运载火箭发射了可回收的重型卫星。1980年5月18日，向南太平洋海域成功地发射了新型火箭。1982年10月，潜艇水下发射火箭又获成功。1984年4月8日，用第三级装液氢液氧火箭发动机的"长征"3号运载火箭成功地发射了地球同步试验通信卫星。1988年9月7日，用"长征"4号运载火箭将气象卫星成功地送入太阳同步轨道。1992年8月14日，新研制的"长征"2号E捆绑式大推力运载火箭又将澳大利亚的奥赛特B1卫星送入预定轨道。这些都表明火箭发源地的中国，在现代火箭技术领域已跨入世界先进行列，并已稳步地进入国际发射服务市场。

在发展现代火箭技术方面，中国的钱学森、德国的冯·布劳恩和前苏联的S.P.科罗廖夫、齐奥尔科夫斯基等都作出了杰出的贡献。

火箭分类与组成

火箭可按不同方法分类。按能源不同，分为化学火箭、核火箭、电火箭以及光子火箭等。化学火箭又分为液体推进剂火箭、固体推进剂火箭和固液混合推进剂火箭。按用途不同分为卫星运载火箭、布雷火箭、气象火箭、防雹火箭以及各类军用火箭等。按有无控制分为有控火箭和无控火箭。按级数分为单级火箭和多级火箭。按射程分为近程火箭、中程火箭和远程火箭等。火箭的分类方法虽然很多，但其组成部分及工作原理是基本相同的。

固态火箭和液态火箭便是现今比较常用的火箭。此外，还有混合火箭，就是用固体的燃料而用液体的氧化剂。另外，值得一提的是，现今运载火箭大多包含了液态火箭和固态火箭，也就是说，一个火箭可能第一节是固态的而第二节却是液态的。

火箭的基本组成部分有推进系统、箭体和有效载荷。有控火箭还装有制导系统。

火箭推进系统是火箭赖以飞行的动力源。其中火箭发动机可分为化学火箭发动机、核火箭发动机、电火箭发动机和光子火箭发动机等。广泛使用的是化学火箭发动机，它是依靠推进剂在燃烧室内进行化学反应释放出来的能量转化为推力的。推力与推进剂每秒消耗量之比称为比冲，它是发动机性能的主要指标，其高低与发动机设计、制造水平有关，但主要取决于所选用的推进剂的性能。火箭发动机的推力，是根据其特点和用途选定的，其大小相差很大，小到微牛，如电火箭发动机；大到十几兆牛，如美国航天飞机的固体火箭助推器。

箭体用来安装和连接火箭各个系统，并容纳推进剂。箭体除要求具有良好的空气动力外形外，还要求在既定功能不变的前提下，质量越轻越好，体积越小越好。在起飞质量一定时，结构质量轻，则可获得较大的飞行速度或射程。

运载火箭的有效载荷有人造卫星、飞船或空间探测器等航天器。火箭武器的有效载荷就是战斗部（弹头）。

要成功地发射火箭，还必须有地面发射设备和发射设施。地面发射设备有大有小。小的可手提肩扛，如便携式防空火箭和反坦克火箭的发射筒（架）；大的如卫星运载火箭，则需有固定的发射场和庞大的发射设施，以及飞行跟踪测控台站等。

热能与热学的应用

宇宙速度

所谓宇宙速度就是从地球表面发射飞行器，飞行器环绕地球、脱离地球和飞出太阳系所需要的最小速度。第一宇宙速度大约为 7.9 千米/秒。物体在获得这一水平方向的速度以后，不需要再加动力就可以环绕地球运动。

第二宇宙速度为 11.2 千米/秒，是第一宇宙速度的 $\sqrt{2}$。地面物体获得这样的速度即能沿一条抛物线轨道脱离地球。地球上物体飞出太阳系相对地心最小速度称为第三宇宙速度，它的大小为 16.6 千米/秒。地面上的物体在充分利用地球公转速度情况下再获得这一速度后可沿双曲线轨道飞离地球。当它到达距地心 93 万千米处，便被认为已经脱离地球引力，以后就在太阳引力作用下运动。这个物体相对太阳的轨道是一条抛物线，最后会脱离太阳引力场飞出太阳系。

孔明灯升空的热学原理

孔明灯渊源

孔明灯又叫天灯，相传是由三国时的诸葛孔明（诸葛亮）所发明。当年，诸葛孔明被司马懿围困于阳平，无法派兵出城求救。孔明算准风向，制成会飘浮的纸灯笼，系上求救的讯息，其后果然脱险，于是后世就称这种灯笼为孔明灯。另一种说法则是这种灯笼的外形像诸葛孔明戴的帽子，因而得名。

现代人放孔明灯多作为祈福之用。男女老少亲手写下祝福的话语，象征丰收成功，幸福年年。

大约于清朝道光年间，由福建省惠安、安溪等县传入台湾的台北县、平溪乡、十分寮地区，即基隆河的上游。据十分寮地区父老前辈的口述，早年于前清年间十分寮地区闹过土匪，由于地处山区，所以村民都向山中逃去，待土匪走后，留守在村中的人，就在夜间施放天灯作为信号，告知山上避难

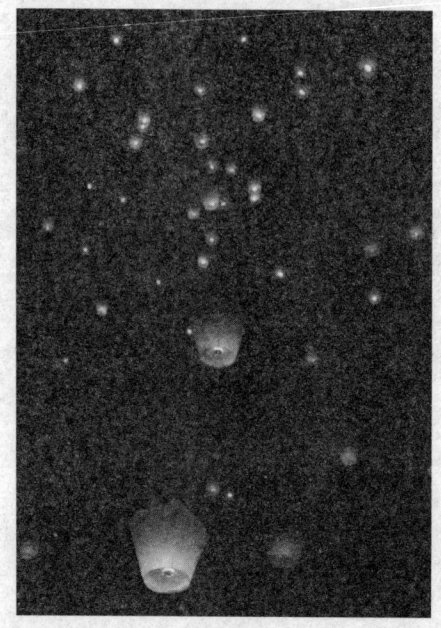

孔明灯

的村民，可以下山回家了，也借此种方式向村民报平安。由于当日由山上避难回家的日子，正是农历正月十五即元宵节，从此以后，每年的元宵节，十分寮地区的村民便以放天灯的仪式来庆祝，且向邻村的村民互报平安。也因此十分寮地区的村民又称天灯为"祈福灯"或"平安灯"。

孔明灯结构

孔明灯的结构可分为主体与支架两部分，主体大都以竹篾编成，次用棉纸或纸糊成灯罩，底部的支架则以竹削成的篾组成。孔明灯可大可小，可圆形也可长方形。一般的孔明灯是用竹片架成圆桶形，外面以薄白纸密密包围而开口朝下。

欲点灯升空时，在底部的支架中间绑上一块沾有煤油或花生油的粗布或金纸，放飞前将油点燃，灯内的火燃烧一阵后产生热空气，孔明灯便膨胀，放手后整个灯会冉冉飞升空，如果天气不错，底部的煤油烧完后孔明灯会自动下降。

孔明灯发明者

诸葛亮（181～234年），三国时杰出政治家、军事家、战略家、散文家、外交家。字孔明，号卧龙。于汉灵帝光和四年（181年）出生于琅琊阳都（今山东沂南县）的一个官吏之家。诸葛氏是琅琊的望族，先祖诸葛丰曾在西汉元帝时做过司隶校尉（卫戍京师的长官）。诸葛亮父亲诸葛珪，字君贡，东汉末年做过泰山郡丞。诸葛亮3岁时母亲张氏病逝，8岁丧父，与弟弟诸葛均一起跟随由袁术任命为豫章太守的叔父诸葛玄到豫章赴任。东汉朝廷派朱皓取代了诸葛玄职务，诸葛玄就去投奔老朋友荆州牧刘表。

热能与热学的应用

建安二年（197年），诸葛玄病逝。诸葛亮和弟弟失去了生活依靠，便移居南阳（①河南南阳卧龙岗；②湖北襄阳（现湖北襄樊）之西二十里隆中）隐居乡间耕种，维持生计。建安四年（199年），19岁的诸葛亮与友人徐庶等从师于水镜先生司马徽。

后为了消除诸葛亮隐居地一事留下的历史纷争，清代在河南南阳做知府的湖北襄阳人顾嘉蘅写道："功在朝廷，原不分先主后主；名高天上，何须辨襄阳南阳。"

自制孔明灯

工具和材料：拷贝纸、裁纸刀、剪刀、尖嘴钳、棉线、工业酒精、502胶、电线、棉花、竹条。

注意事项：孔明灯必须要在无风的天气和空旷的场地上放飞，否则不但不能飞上天，而且可能会引起火灾。放飞时，需要2~3人的共同协力，强烈要求有成年人陪同。另外，可以在孔明灯底部拴上线，这样既可以重复放飞，又能控制起飞高度和范围，避免引起火灾。

步骤：

A. 用裁纸刀将竹条削到厚薄3毫米以内，然后，把竹条弯成一个圈，用棉线或502胶固定。竹子有弹性，竹圈可能会不圆，可以用小火烤一烤，使竹圈固定成圆形。

B. 用尖嘴钳把废电线外面的绝缘层去掉就可以得到细铜丝。不过，铜丝不能太细，否则容易烧断，可以用3根铜丝拧在一起避免这个问题。

C. 用薄纸剪成一定规格的纸片。将第一张纸片的一边与第二张的一边粘在一起，再将第三张，第四张……依次同样粘上去，直到拼成一个两端漏空，直径约60厘米的球状物。再剪一张圆形薄纸片，把上面圆空口糊住。待干后，把气球吹胀，找一条薄而窄的竹条，弯成与下面洞口一样大小的竹圈，在竹圈内交叉两根互相垂直的细铁丝，并系牢在在竹圈上，再把竹圈粘牢在下面洞的纸边上，糊成的气球不能漏气。

D. 把铜丝绑在竹圈两端，再把做好的灯罩粘在竹圈上。在铜丝上绑上棉花，浸上酒精，点燃后就可以放飞了。孔明灯不能太小，否则很难升上天。

放飞：

选择晴朗无风的夜晚，一人拿住灯底的左右侧，另一人用酒精将脱脂棉浸透后点燃，直到双手感到孔明灯有上升之势，即慢慢放开双手，孔明灯便徐徐飞起，上升高度可达 1000 米左右。

升空程序建议：

孔明灯的制作方法简单，但升空时受到场地与天气的影响较大。风大时易将灯体吹斜而使灯体烧毁，下雨时易将灯体淋湿而无法放飞，因此最好选在无风的时候施放。

（1）先将灯体撑开，并于四周与底部系上控制线。

（2）填装燃料。

（3）点火后，将进气口尽量压低，以减少热气流失，但亦不可过低，以免氧气不足而熄火。同时四周之控制线必须拉直。

（4）加热直至灯体内的热气温度足够后，四周控制线慢慢松开，以维持灯体稳定上升，而底部的控制线必须控制灯体上升之速度与高度。

（5）球体升空后可以线控制其高度、方向，亦可任其自由飘浮，至此升空完成。

孔明灯"会飞"的原因

孔明灯"会飞"的原因：燃料燃烧使周围空气温度升高，密度减小上升，从而排出孔明灯中原有空气，使自身重力变小，空气对它的浮力把它托了起来。

由阿塞米德定律可知，只有满足：

$$F_{浮} > G_{总} = G_{热空气} + G_{灯}$$

即 $G_{灯} < F_{浮} - G_{热空气}$

放飞孔明灯

这时它才能上升，由此可知它的自重（包括外壶燃料的重力）要很轻才能起飞，轻到什么程度呢？

$$G_{灯} < F_{浮} - G_{热空气} = \rho_{空气} g V_{排} - \rho_{热空气} g V$$

$G_{灯} < (\rho_{空气} - \rho_{热空气}) gV_{排}$

$m_{灯} < (\rho_{空气} - \rho_{热空气}) V_{排}$ （1）

空气的密度可由理想气体状态方程得出。

可见其能否起飞由灯质量和气温、热空气温度和孔明灯容积共同决定。具体数据估算如下：

设当天气温：$T_{空气} = 300K$（27℃）；大气压强：1 标准大气压，$p = 1.01325 \times 10^5 Pa$；孔明灯容积：$V_{容} = V_{排} = 0.2$ 米 $\times 0.25$ 米 $\times 0.4$ 米 $= 2 \times 10^{-2}$ 米^3；加热后的空气温度：$T_{热空气} = 500K$（227℃）；$\rho_{空气} = 0.029$ 千克/摩。

在上述条件下，孔明灯总质量在9.44克时，当热空气温度升到227℃时上升。假设在上述条件下把孔明灯质量减轻成 $m_{灯} = 4g = 4 \times 10^{-3}$ 千克，则热空气温度只要升高到88℃，孔明灯即可上升。

仍按上述条件，若孔明灯质量 $m_{灯} \geq 23.56$ 克，则无论热空气温度升到多高也飞不起来。

由上面分析可知孔明灯要起飞，它的质量不能超过一定值，而且质量越小所需热空气温度越低，也就越容易起飞。

阿基米德定律

阿基米德定律是物理学中力学的一条基本原理。浸在液体里的物体受到向上的浮力作用，浮力的大小等于被该物体排开的液体的重力。这条定律不但适用于液体，在气体中同样适用。

液晶态和等离子体技术

液晶态

物质在熔融状态或在溶液状态下虽然获得了液态物质的流动性，但在材料内部仍然保留有分子排列的一维或二维有序，在物理性质上表现出各向异性。这种兼有晶体和液体部分性质的状态称为液晶态，处于这种状态下的物质叫液晶。

液晶态——结晶态和液态之间的一种形态，是一种在一定温度范围内呈现既不同于固态、液态，又不同于气态的特殊物质态，它既具有各向异性的晶体所特有的双折射性，又具有液体的流动性。一般可分热致液晶和溶致液晶两类。在显示应用领域，使用的是热致液晶，超出一定温度范围，热致液晶就不再呈现液晶态，温度低了，出现结晶现象，温度升高了，就变成液体。

液晶显示器

液晶态既像液体具有流动性和连续性，而其分子又保持着固态晶体特有的规则排列方式，具有光学性质各向异性等晶体特征的物理性质。其结构介于晶体和液体之间，所以也称它为介晶态。

由于液晶态物质特殊的微观结构，因而呈现出许多奇妙的性质，如光学透射率、反射率、颜色等性能对外界的力、热、声、电、光、磁等物理环境的变化十分敏感，因而在电子工业等领域里可以大显神通。目前，液晶的应用领域主要有显示、软件复制、检测器、感受器及分析化学等方面。

等离子体技术

1879 年，W. 克鲁克斯指出放电管中的电离气体是不同于气体、液体、固体的物质第四态，1928 年 I. 朗缪尔给它起名为等离子体。最常见的等离子体有电弧、霓虹灯和日光灯的发光气体以及闪电、极光等。随着科学技术的发展，人们已能用多种方法人工产生等离子体，从而形成一种应用广泛的等离子体技术。一般来说，温度在 108K 左右的等离子体称高温等离子体，目前只用于受控热核聚变实验中；具有工业应用价值的等离子体是温度在 2×10^3 ~

热能与热学的应用

5×10^4 K 之间、能持续几分钟乃至几十小时的低温等离子体，主要用气体放电法和燃烧法获得。气体放电又分为电弧放电、高频感应放电和低气压放电。前两者产生的等离子体称热等离子体，主要用做高温热源；后者产生的等离子体称冷等离子体，具有工业上可利用的特殊的物理性质。它们主要用在以下几方面：

（1）等离子体机械加工。利用等离子体喷枪产生的高温高速射流，可进行焊接、堆焊、喷涂、切割、加热切削等机械加工。等离子弧焊接比钨极氩弧焊接快得多。1965 年问世的微等离子弧焊接，火炬尺寸只有 2～3 毫米，可用于加工十分细小的工件。等离子弧堆焊可在部件上堆焊耐磨、耐腐蚀、耐高温的合金，用来加工各种特殊阀门、钻头、刀具、模具和机轴等。利用电弧等离子体的高温和强喷射力，还能把金属或非金属喷涂在工件表面，以提高工件的耐磨、耐腐蚀、耐高温氧化、抗震等性能。等离子体切割是用电弧等离子体将被切割的金属迅速局部加热到熔化状态，同时用高速气流将已熔金属吹掉而形成狭窄的切口。等离子体加热切削是在刀具前适当设置一等离子体弧，让金属在切削前受热，改变加工材料的机械性能，使之易于切削。这种方法比常规切削方法提高工效 5～20 倍。

（2）等离子体化工。利用等离子体的高温或其中的活性粒子和辐射来促成某些化学反应，以获取新的物质。如用电弧等离子体制备氮化硼超细粉，用高频等离子体制备二氧化钛（钛白）粉等。

（3）等离子体冶金。从 20 世纪 60 年代开始，人们利用热等离子体熔化和精炼金属，现在等离子体电弧熔炼炉已广泛用于熔化耐高温合金和炼制高级合金钢；还可用来促进化学反应以及从矿物中提取所需产物。

（4）等离子体表面处理。用冷等离子体处理金属或非金属固体表面，效果显著。如在光学透镜表面沉积 10 微米的有机硅单体薄膜，可改善透镜的抗划痕性能和反射指数；用冷等离子体处理聚酯织物，可改变其表面浸润性。这一技术还常用于金属固体表面的气动加热环境，从而可用于研制适于超高速飞行器的热防护系统和材料。

此外，燃烧产生的等离子体还用于磁流体发电。20 世纪 70 年代以来，人们利用电离气体中电流和磁场的相互作用力使气体高速喷射而产生的推力，制造出磁等离子体动力推进器和脉冲等离子体推进器。它们的比冲（火箭排气速度与重力加速度之比）比化学燃料推进器高得多，已成为航天技术中较为理想的推进方法。

人工制冷技术的应用

骄阳似火的夏天，我们坐到开着空调的汽车里不会感到热气袭人。汽车空调是怎么达到制冷效果的呢？

其实，汽车空调制冷原理同其他制冷装置原理相同。制冷剂以液态在蒸发器中吸热制冷，低温液体吸收汽化潜热变成制冷剂气体被压缩机吸入并压缩，被压缩的气体压力和温度都增高，之后流进冷凝器，冷凝器对制冷剂气体进行冷凝，冷凝后的高温高压液体储存在冷凝器底部及储液器中，冷凝时放出的热量由风机带出并散到车外，当高温高压的液体流经膨胀阀后，以低温低压的液体状态再进入蒸发器吸收汽化潜热而制冷，如此完成制冷循环。

把温度通过人为的方式使它下降（或者说把温度从较高的物体转移给较低的物体）叫做"人工制冷"，简称"制冷"。汽车空调和其他空调制冷都一样。

蒸气压缩循环式制冷（空调）系统都是通过四个过程来完成的。具体来说是：节流过程——蒸发过程——压缩过程——冷凝过程。

（1）节流，通过节流装置，即节流阀（也称调节阀或膨胀阀，在汽车空调中通常叫膨胀阀或孔管）。制冷剂的高压液体经过阀的狭窄通道使其流量和压力得到节流变小而成为低压液体进入蒸发器，此时制冷剂的流量和压力虽然变了，但制冷剂的液体形态仍未改变。

（2）蒸发，通过热交换装置，即蒸发器。低压液体在其中与外界（驾驶室内）的热量进行热交换（即传热，实际为吸热）而产生沸腾（汽化）现象，从而使空间的温度不断得到降低。沸腾（汽化）后产生低压制冷剂蒸气，从而改变了制冷剂的形态，由低压液体改变成低压气体，但压力未改变。

（3）压缩，通过气体压缩装置，即制冷压缩机。低压低温制冷剂气体被压缩机吸入，经过压缩，变为高压高温气体排出。在这其间只改变了压力，气体的形态未改变。

（4）冷凝，通过热交换装置，即冷凝器（也称散热器）。高压高温制冷

热能与热学的应用

剂气体在其中将热量传递给外界（实际为放热）而冷凝（冷却）成高压液体，从而又改变了制冷剂的形态，由高压蒸气改变成高压液体，但压力未改变。

整个制冷过程就是通过这四个装置形成一个循环系统来完成的，系统用管道将此连接，制冷剂在此系统中如此反复循环，从而不断使温度得到降低。

为了能正常进行，系统在冷凝器通向膨胀阀之间加设了储液干燥器（通常称干燥过滤器或干燥瓶）。干燥和过滤制冷剂中的水分和杂质，并储存制冷循环所需要的制冷剂。

此外还有一些附属装置，如冷凝器用的散热电子风扇，蒸发器用的鼓风机，这些都是必不可少的。有些在低压侧蒸发器至压缩机之间还加设了气液（油）分离器等。为了使空调系统能安全自动运行，系统在高低压侧分别设置了压力控制器（压力开关）。低压侧的蒸发器上设置了温度控制器（温度感应器或传感器）。整个电气系统由电脑或控制器控制，实现自动化运行。

超导体应用与温度的关系

超导是某些金属或合金在低温条件下出现的一种奇妙的现象。最先发现这种现象的是荷兰物理学家卡麦林·昂尼斯。

1911年，荷兰物理学家卡麦林·昂尼斯首次意外地发现了超导现象：将水银冷却到接近绝对零度时，其电阻突然消失。后来他又发现许多金属（例如铝、锡）和合金都具有与水银相类似的特性：在低温下电阻为零（这一温度叫超导材料的临界温度），由于它的特殊导电性能，昂尼斯称之为超导态。

昂尼斯的这一发现轰动了全世界，大家纷纷想要揭开超导的奥秘，因为只有了解了超导现象的微观机理，才能使它为人类作出更大的贡献。

在高温超导体出现以前，使用在液氦温度下的低温超导材料经过二十余年研究与发展获得了成功。以 $NbTi$、Nb_3Sn 为代表的实用超导材料已实现了商品化，在核磁共振人体成像、超导磁体及大型加速器磁体等多个领域获得了应用。但是，由于常规低温超导的临界温度太低，必须在昂贵复杂的液氦系统中使用，因而严重限制了低温超导应用的发展。

1986年高温氧化物超导体的出现，突破了温度壁垒，把超导应用的温度从液氦提高到了液氮温区。同液氦相比，液氮是一种非常经济的冷媒，并且具有较高的热容量，给工程应用带来了极大的方便。另外，高温超导体都具有相当高的上临界场，能够用来产生20特以上的强磁场，这正好克服了常规低温超导材料的不足之处。正因为这些优点，吸引了大量的科学工作者采用最先进的技术装备，对高临界温度超导机制、材料的物理特性、化学性质、合成工艺及显微组织进行了广泛和深入的研究。

自从高温超导体发现以来，人们对高温超导薄膜的制备与研究都给予了极大的重视，特别是液氮温度以上的高温超导体的发现，使人们看到了广泛利用超导电子器件优良性能的可能性。想得到性能优良的高温超导器件就必须有质量很好的薄膜，但由于种种因素使制备高质量高 Tc 超导薄膜具有相当大的困难。尽管如此，通过各国科学家十几年来坚持不懈的努力，已取得了很大的进展，高质量的外延 YBCO 薄膜的 Tc 在 90K 以上，零磁场下 77K 时，临界电流密度已超过 1×10^6 安/厘米^2，工艺已基本成熟，并有了一批高温超导薄膜电子器件问世。

超导电性的实际应用从根本上取决于超导材料的性能。与实用低温超导材料相比，高温超导材料的最大优势在于它应用于液氮温区。20 世纪 90 年代，随着第一代 Bi 系高温超导材料的商业化，美国、日本、欧洲和中国等和相关大公司都投入大量的人力和资金，开展高温超导电力应用研究，相继开展了超导电机、超导变压器、超导输电电缆和超导储能装置等的研究，并取得了许多实质性的进展。

高温氧化物超导体的出现，无疑给超导电子学带来了更为广阔的应用前景。常规超导电子器件早已显示出巨大的优越性，超导量子干涉器件用于测量微弱磁场，灵敏度可比常规仪器高 1~2 个数量级，这使得它在生物磁场测量、寻找矿藏等领域发挥了巨大的作用，超导隧道效应使微波接收机的灵敏度大大提高，超导薄膜数字电路可用来制造高速、超小体积的大型计算机，但由于常规超导器件工作在液氦温区或制冷机所能达到的温度（10~20K）下，这个温区的获得和维持成本相当高，技术也复杂，因而使用常规超导器件的应用范围受到了很大的限制。

高温超导体的临界温度已突破液氮温区，由它所制成的器件可在这个温区下正常地工作，这就打破了常规超导器件的局限性，使超导器件可在更大

热能与热学的应用

的范围内发挥作用,而且高温超导体的工作温度和一些半导体器件重合,二者结合起来,就可发展出更多的有用器件。

生物磁场

科学家研究发现,生物体内也具有一定的磁场和极性,人们称之为"生物磁场"。生物磁场对生物体具有一定的影响,其中有利也有弊。生物磁场有三类:(1)由天然生物电流产生的磁场。凡是有生物电活动的地方,就必定会同时产生生物磁场,如心磁场、脑磁场、肌磁场等均属于这一类。(2)由生物材料产生的感应场。组成生物体组织的材料具有一定磁性,它们在地磁场及其他外磁场的作用下便产生了感应场。(3)由侵入人体的强磁性物质产生的剩余磁场。在含有铁磁性物质粉尘下作业的工人,呼吸道和肺部、食道和肠胃系统往往被污染。这些侵入体内的粉尘在外界磁场作用下被磁化,从而产生剩余磁场。

地热能的开发与应用

地热能是由地壳抽取的天然热能,这种能量来自地球内部的熔岩,并以热力形式存在,是引致火山爆发及地震的能量。地球内部的温度高达7000℃。透过地下水的流动和熔岩涌至离地面1~5千米的地壳,热力得以被转送至较接近地面的地方。高温的熔岩将附近的地下水加热,这些加热了的水最终会渗出地面。运用地热能最简单和最合乎成本效益的方法,就是直接取用这些热源,并抽取其能量。地热能是可再生资源。

分 布

地热能集中分布在构造板块边缘一带,该区域也是火山和地震多发区。
据美国地热资源委员会1990年的调查,世界上18个国家有地热发电机组,总装机容量5827.55兆瓦,装机容量在100兆瓦以上的国家有美国、菲律宾、墨西哥、意大利、新西兰、日本和印尼。我国的地热资源也很丰富，但开发利用程度很低，主要分布在云南、西藏、河北等省区。

世界地热资源主要分布于以下5个地热带：

（1）环太平洋地热带。世界最大的太平洋板块与美洲、欧亚、印度板块的碰撞边界，即从美国的阿拉斯加、加利福尼亚到墨西哥、智利，从新西兰、印度尼西亚、菲律宾到中国沿海和日本。世界许多地热田都位于这个地热带，如美国的盖瑟斯地热田、墨西哥的普列托、新西兰的怀腊开、中国台湾的马槽和日本的松川、大岳等地热田。

（2）地中海、喜马拉雅地热带。欧亚板块与非洲、印度板块的碰撞边界，从意大利直至中国的云南、西藏。如意大利的拉德瑞罗地热田和中国西藏的羊八井及云南的腾冲地热田均属这个地热带。

（3）大西洋中脊地热带。大西洋板块的开裂部位，包括冰岛和亚速尔群岛的一些地热田。

（4）红海、亚丁湾、东非大裂谷地热带。包括肯尼亚、乌干达、刚果（金）、埃塞俄比亚、吉布提等国的地热田。

（5）其他地热区。除板块边界形成的地热带外，在板块内部靠近边界的部位，在一定的地质条件下也有高热流区，可以蕴藏一些中低温地热，如中亚、东欧地区的一些地热田和中国的胶东、辽东半岛及华北平原的地热田。

作　用

人类很早以前就开始利用地热能，例如利用温泉沐浴、医疗，利用地下热水取暖、建造农作物温室、水产养殖及烘干谷物等。但真正认识地热资源，并进行较大规模的开发利用却是始于20世纪中叶。

地热发电

地热发电是地热利用的最重要方式。高温地热流体应首先应用于发电。地热发电和火力发电的原理是一样的，都是利用蒸汽的热能在汽轮机中转变为机械能，然后带动发电机发电。所不同的是，地热发电不像火力发电那样要装备庞大的锅炉，也不需要消耗燃料，它所用的能源就是地热能。地热发电的过程，就是把地下热能首先转变为机械能，然后再把机械能转变为电能的过程。要利用地下热能，首先需要有"载热体"把地下的热能带到地面上来。目前能够被地热电站利用的载热体，主要是地下的天然蒸汽和热水。按照载热体类型、温度、压力和其他特性的不同，可把地热发电的方式划分为蒸汽型地热发电和热水型地热发电两大类。

1. 蒸汽型地热发电

蒸汽型地热发电是把蒸汽田中的干蒸汽直接引入汽轮发电机组发电，但在引入发电机组前应把蒸汽中所含的岩屑和水滴分离出去。这种发电方式最为简单，但干蒸汽地热资源十分有限，且多存于较深的地层，开采技术难度大，故发展受到限制。主要有背压式和凝汽式两种发电系统。

地热发电

2. 热水型地热发电

热水型地热发电是地热发电的主要方式。目前热水型地热电站有两种循环系统：

（1）闪蒸系统。当高压热水从热水井中抽至地面，于压力降低部分热水会沸腾并"闪蒸"成蒸汽，蒸汽送至汽轮机做功；而分离后的热水可继续利用后排出，当然最好是再回注入地层。

（2）双循环系统。地热水首先流经热交换器，将地热能传给另一种低沸点的工作流体，使之沸腾而产生蒸汽。蒸汽进入汽轮机做功后进入凝汽器，再通过热交换器而完成发电循环。地热水则从热交换器回注入地层。这种系统特别适合于含盐量大、腐蚀性强和不凝结气体含量高的地热资源。发展双循环系统的关键技术是开发高效的热交换器。

地热供暖

将地热能直接用于采暖、供热和供热水是仅次于地热发电的地热利用方式。因为这种利用方式简单、经济性好，备受各国重视，特别是位于高寒地区的西方国家，其中冰岛开发利用得最好。该国早在1928年就在首都雷克雅未克建成了世界上第一个地热供热系统，现今这一供热系统已发展得非常完善，每小时可从地下抽取7740吨80℃的热水，供全市11万居民使用。由于没有高耸的烟囱，冰岛首都已被誉为"世界上最清洁无烟的城市"。此外利用地热给工厂供热，如用做干燥谷物和食品的热源，用做硅藻土生产、木材、造纸、制革、纺织、酿酒、制糖等生产过程的热源也是大有前途的。目前世界上最大两家地热应用工厂就是冰岛的硅藻土厂和新西兰的纸浆加工厂。我国利用地热供暖和供热发展也非常迅速，在京津地区已成为地热利用中最普遍的方式之一。

地热务农

地热在农业中的应用范围十分广阔。如利用温度适宜的地热水灌溉农田，可使农作物早熟增产；利用地热水养鱼，在28℃水温下可加速鱼的育肥，提高鱼的出产率；利用地热建造温室，育秧、种菜和养花；利用地热给沼气池加温，提高沼气的产量等。将地热能直接用于农业在我国日益广泛，北京、天津、西藏和云南等地都建有面积大小不等的地热温室。各地还利用地热大力发展养殖业，如培养菌种、养殖鳗鱼、罗非鱼、罗氏沼虾等。

地热行医

地热在医疗领域的应用有诱人的前景，目前热矿水就被视为一种宝贵的资源，世界各国都很珍惜。由于地热水从很深的地下提取到地面，除温度较高外，常含有一些特殊的化学元素，从而使它具有一定的医疗效果。如含碳酸的矿泉水供饮用，可调节胃酸、平衡人体酸碱度；含铁矿泉水饮用后，可治疗缺铁贫血症；氢泉、硫水氢泉洗浴可治疗神经衰弱和关节炎、皮肤病等。

由于温泉的医疗作用及伴随温泉出现的特殊的地质、地貌条件，使温泉常常成为旅游胜地，吸引大批疗养者和旅游者。在日本就有1500多个温泉疗养院，每年吸引1亿人到这些疗养院休养。我国利用地热治疗疾病的历史悠久，含有各种矿物元素的温泉众多，因此充分发挥地热的医疗作用，发展温泉疗养行业是大有可为的。

未来随着与地热利用相关的高新技术的发展，将使人们能更精确地查明更多的地热资源；钻更深的钻井将地热从地层深处取出，因此地热利用也必将进入一个飞速发展的阶段。

地热能在应用中要注意地表的热应力承受能力，不能形成过大的覆盖率，这会对地表温度和环境产生不利的影响！

应用前景广阔的太阳能

太阳能，一般是指太阳光的辐射能量，在现代一般用做发电。自地球形成生物就主要以太阳提供的热和光生存，而自古人类也懂得以阳光晒干物件，并作为保存食物的方法，如制盐和晒咸鱼等。但在化石燃料减少的情况下，才有意把太阳能进一步发展。太阳能的利用有被动式利用（光热转换）和光电转换两种方式。广义上的太阳能是地球上许多能量的来源，如风能、化学能、水的势能等。

现在，太阳能的利用还不是很普及，利用太阳能发电还存在成本高、转换效率低的问题，但是太阳能电池在为人造卫星提供能源方面得到了应用。

原　理

太阳能是太阳内部或者表面的黑子连续不断地核聚变反应过程产生的能量。地球轨道上的平均太阳辐射强度为 1367 瓦/米^2。地球赤道的周长为 40000 千米，从而可计算出，地球获得的能量可达 173000 太瓦（功率单位，1 太瓦 = 10^{12} 千瓦）。在海平面上的标准峰值强度为 1 千瓦/米^2，地球表面某一点 24 小时的年平均辐射强度为 0.20 千瓦/时^2，相当于有 102000 太瓦的能量，人类依赖这些能量维持生存，其中包括所有其他形式的可再生能源（地热能资源除外）。

虽然太阳能资源总量相当于现在人类所利用的能源的 1 万多倍，但太阳能的能量密度低，而且它因地而异，因时而变，这是开发利用太阳能面临的主要问题。太阳能的这些特点会使它在整个综合能源体系中的作用受到一定的限制。

尽管太阳辐射到地球大气层的能量仅为其总辐射能量的二十二亿分之一，但已高达 173000 太瓦，也就是说，太阳每秒钟照射到地球上的能量就相当于

500万吨煤。地球上的风能、水能、海洋温差能、波浪能和生物质能以及部分潮汐能都是来源于太阳；即使是地球上的化石燃料（如煤、石油、天然气等），从根本上说也是远古以来贮存下来的太阳能，所以广义的太阳能所包括的范围非常大，狭义的太阳能则限于太阳辐射能的光热、光电和光化学的直接转换。

太阳能既是一次能源，又是可再生能源。它资源丰富，既可免费使用，又无需运输，对环境无任何污染。太阳能为人类创造了一种新的生活形态，使社会及人类进入一个节约能源减少污染的时代。

太阳能电池发电原理

太阳能电池是对光有响应并能将光能转换成电力的器件。能产生光伏效应的材料有许多种，如单晶硅、多晶硅、非晶硅、砷化镓、硒铟铜等。它们的发电原理基本相同，现以晶体为例描述光发电过程。P型晶体硅经过掺杂磷可得N型硅，形成P-N结。

当光线照射太阳能电池表面时，一部分光子被硅材料吸收，光子的能量传递给了硅原子，使电子发生了跃迁，成为自由电子，在P-N结两侧集聚形成了电位差，当外部接通电路时，在该电压的作用下，将会有电流流过外部电路产生一定的输出功率。这个过程的实质是：光子能量转换成电能的过程。

利　弊

优　点

（1）普遍：太阳光普照大地，没有地域的限制，无论陆地或海洋，无论高山或岛屿，处处皆有，可直接开发和利用，且无需开采和运输。

（2）无害：开发利用太阳能不会污染环境，它是最清洁的能源之一，在环境污染越来越严重的今天，这一点是极其宝贵的。

（3）巨大：每年到达地球表面上的太阳辐射能约相当于130万亿吨标煤，其总量属现今世界上可以开发的最大能源。

（4）长久：根据目前太阳产生的核能速率估算，氢的贮量足够维持上百亿年，而地球的寿命也约为几十亿年，从这个意义上讲，可以说太阳的能量是用之不竭的。

热能与热学的应用

缺 点

（1）分散性：到达地球表面的太阳辐射的总量尽管很大，但是能流密度很低。平均说来，北回归线附近，夏季在天气较为晴朗的情况下，正午时太阳辐射的辐照度最大，在垂直于太阳光方向 1 平方米面积上接收到的太阳能平均有 1000 瓦左右；若按全年日夜平均，则只有 200 瓦左右。而在冬季大致只有一半，阴天一般只有 1/5 左右，这样的能流密度是很低的。因此，在利用太阳能时，想要得到一定的转换功率，往往需要面积相当大的一套收集和转换设备，造价较高。

（2）不稳定性：由于受到昼夜、季节、地理纬度和海拔高度等自然条件的限制以及晴、阴、云、雨等随机因素的影响，所以，到达某一地面的太阳辐照度既是间断的，又是极不稳定的，这给太阳能的大规模应用增加了难度。为了使太阳能成为连续、稳定的能源，从而最终成为能够与常规能源相竞争的替代能源，就必须很好地解决蓄能问题，即把晴朗白天的太阳辐射能尽量贮存起来，以供夜间或阴雨天使用，但目前蓄能也是太阳能利用中较为薄弱的环节之一。

（3）效率低和成本高：目前太阳能利用的发展水平，有些方面在理论上是可行的，技术上也是成熟的。但有的太阳能利用装置，因为效率偏低，成本较高，总的来说，经济性还不能与常规能源相竞争。在今后相当一段时期内，太阳能利用的进一步发展，主要受到经济性的制约。

清洁环保的太阳能热水器

太阳能热水器的原理

太阳能热水器是利用太阳的能量将水从低温度加热到高温度的装置，是一种热能产品。太阳能热水器是由全玻璃真空集热管、储水箱、支架及相关附件组成，把太阳能转换成热能主要依靠玻璃真空集热管。集热管受阳光照射面温度高，集热管背阳面温度低，而管内水便产生温差反应，利用热水上浮冷水下沉的原理，使水产生微循环而达到所需热水。

太阳能热水器是太阳能成果应用中的一大产业，它为百姓提供环保、安全节能、卫生的新型热水器产品。

使用性能优势

随着人们环保意识的不断加强,越来越多的消费者倾向于选择太阳能热水器,但很多人对使用这种产品还不是很了解。在这里,我们将太阳能热水器、电热水器和燃气热水器的性能作一个粗略的比较。

热水产量方面

燃气热水器有5升、7升、8升等不同的型号,是指在1分钟内将水温升高25℃时所产的热水量,如果自来水的温度为25℃,则每分钟可产50℃的热水5升、7升或8升。

电热水器的标注则是30升、60升、90升等,这是指电热水器的容水量,相当于我们在电炉子上加一个水壶,这个水壶的盛水量是30升、60升、90升。拿一个8升的燃气热水器与一个40升的电热水器相比较,8升的燃气热水器可连续不断地产生每分钟8升的热水,而电热水器需要间隔半小时加热一罐水。如果这一罐水用完,还要等半小时左右。

太阳能热水器按照年平均气温15.7℃、年日照时数2014小时、太阳辐射总量年均为111.59千卡/平方米计算,如果集热面积为2平方米,年吸收太阳辐射能量为9.37×10^6千焦,按把水温升高35℃计算(基础水温10℃),全年可提供生活用热水(45℃)53.5吨,每人每次洗澡用热水约需50千克,则全年可洗1070人次,平均每天可洗2.93人次。

加热速度方面

目前生产的燃气热水器大多为快速热水器,不论什么时候,只要想用热水,打开燃气阀和水龙头,热水就会流出来。而电热水器需要预先通电半小时左右,才能开始使用。太阳能热水器在天气晴朗的时候使用更好,最理想的楼层在六至八层。

温度稳定性方面

燃气热水器由于是快速加热,并有调整温度装置,只要在使用开始时调到人体感觉舒适的温度,而后就会一直保持在这一温度恒定地供应热水。

电热水器在使用时需要另外接一根冷水管兑入冷水,当罐内水不断流出,冷水不断加入时,水温就会逐渐下降,直到全部是冷水。所以在使用时,需要不停地去调整冷热水的比例。

太阳能热水器使用起来暂时还不大方便,要上水,且不能保证时时有热水。

功率方面

燃气热水器的功率要比电热水器大很多,拿一个8升的燃气热水器和40升的电热水器相比较,8升燃气热水器的功率相当于16~17千瓦,而40升的电热水器一般为3千瓦,这也是为什么燃气热水器可连续供应热水的缘故。那么,电热水器是否也可做成16千瓦的呢?这是不可能的,因为家用电表、电线都无法承受。

价格方面

8升的燃气热水器价格一般在800元以上,再加上安装费,大约在1000元以上,有的甚至接近2000元。电热水器现在都在500元以上,加上安装费用,一般不到1000元。太阳能热水器的价格都在3000元以上。

使用费用方面,目前天然气每立方米为25元,每度电为0.55元,而太阳能热水器仅耗水费。

安全性方面

燃气热水器的优点是加热快、出水量大、温度稳定、结水垢少、占地小、不受水量控制。缺点是使用时要排出大量的废气,废气中除了二氧化碳以外,还有一氧化碳,如果使用时关闭门窗,通风不良,一氧化碳会增加,严重时会发生中毒事故,但如果能正确地了解这一点,使用时注意,也是很安全的;另外,燃气热水器启动水压高,有些住高层的用户如果不装增压泵就无法启动;安装不方便,要在墙上打洞、安排气扇等。

电热水器的优点是能适应任何天气变化,普通家庭可直接安装使用,长时间通电可以大流量供热水;使用时不产生废气,所以从这一点上讲是既安全又卫生。目前市场上销售的电热水器多数还带有防触电装置。缺点是体积大、占用室内空间大、易结水垢、对电能浪费大。最新型的电热水器内置了阳极镁棒除垢装置，解决了产品容易结垢的问题，但阳极镁棒须两年更换一次，给保养带来了麻烦。

太阳能热水器的优点是安全、节能、环保、经济，尤其是带辅助电加热功能的太阳能热水器，它以太阳能为主、电能为辅的能源利用方式，可全年全天候使用。缺点是安装复杂，安装不当会影响住房的外观、质量及城市的市容市貌；因要安装在室外，维护较麻烦。

激光制冷与绝对零度

不管你往什么地方看，到处都有激光的痕迹。激光束能准确地进行外科手术，就像小小的粒子加速器一样干净利落地工作。它们能在实验室再生太阳表面的白热状态。在科技日新月异的当今，人们已经可以通过高科技的手段利用激光能把材料中的热量逐渐排出，直至这些材料像冰冻的冥王星一样冷。美国的科学家已经研制出激光冷却器的样机，他们希望能把这些冷却器放到卫星上使用。

从20世纪七八十年代以来，一种叫做多普勒冷却的技术一直在用激光冷却材料，利用光子使原子减速。能量从原子到光子的转换能使原子冷却到绝对温度零上百万分之一度弱，但是只是在极小的尺寸上才能做到这一点。

激光制冷的基本原理

激光为什么能制冷呢？原来，物体的原子总是在不停地做无规则运动，这实际上就是表示物体温度高低的热运动，即原子运动越激烈，物体温度越高；反之，温度就越低。所以，只要降低原子运动速度，就能降低物体温度。激光制冷的原理就是利用大量的光子阻碍原子运动，使其减速，从而降低了物体温度。

物体原子运动的速度通常为500米/秒左右。长期以来，科学家一直在寻找使原子相对静止的方法。朱棣文采用三束相互垂直的激光，从各个方面对原子进行照射，使原子陷于光子海洋中，运动不断受到阻碍而减速。激光的这种作用被形象地称为"光学粘胶"。在试验中,被"粘"住的原子可以降到几乎接近绝对零度的低温。

激光制冷的技术回顾

20世纪七八十年代,物理学家掌握了如何用激光将原子冷却到非常接近绝对零度的低温。那个时期最重要的三篇文章都发表在《物理学评论快报》上,它们标志着这项技术发展过程中的关键。1978年,研究者们费尽九牛二虎之力才把离子冷却到40开尔文以下,但是仅仅十年之后中性原子就可以被冷却到43微开了。但是冷却的基本原理并没有变:用激光作用在原子上使之减速。这项技术的改进使得物理学家们能够制备出一种称为玻色—爱因斯坦凝聚的量子态物质以及现代高精度的原子钟,有两项诺贝尔奖与这一技术有关。

冷却原子最初是为了降低它们的热运动速度,以便精确地测量原子光谱,后来则是为了改进原子钟。早在1978年维固兰德及其在国家标准技术局的同事们就按照文献中提出的理论方案成功地用激光冷却了镁离子。

正如这个小组在《物理学评论杂志》的文章中所描述的那样,他们将离子限制在电磁势阱中,并用频率稍低于离子共振频率的激光轰击俘获的离子。在静止状态时,离子吸收频率等于其共振频率的光子;当离子迎着激光照射的方向运动时,由于多普勒效应激光的频率会变大,当激光频率达到离子共振频率的时候,离子就会吸收光子。由于光子和离子的动量方向相反,离子吸收光子之后其运动速度会降低从而冷却,冷却效应会一直持续下去直到被激光的加热效应所平衡,加热效应在有激光的时候总是存在的。在后来的几年中,加热效应——它源自原子每次随机地在各个方向辐射和吸收光子时产生的反冲效应——最终将对所谓的多普勒冷却技术能够将物质冷却到更低的温度给出难以突破的限制。

在波士顿的威廉·菲利普斯怀着极大的兴趣读了维固兰德等人的实验文章以及一篇理论文章后,他回忆说:"冷却离子的想法使我思考是否有可能冷却中性原子。"

1982年,菲利普斯和来自纽约石溪大学的Harold Metcalf发表了关于用激光冷却中性原子的第一篇文章。他们把钠原子送入一个长约60厘米、开口处宽而越往前越窄的磁场中。钠原子通过磁场的时候迎头碰上频率与原子共振频率稍有差异的激光束，多普勒冷却效应使得原子束中粒子的运动速度被限制在较小的一个范围内。激光束同时也使得原子束整体运动的速度减慢。在减速的过程中，不断改变的磁场造成原子的共振频率也不断改变，从而使得在很长的一个距离上减速和冷却效应能够一直保持，最终的速度将达到仅为原有速度的40%。这一现在被称为塞曼减速仪的装置已经成为原子束减速的标准工具。

激光冷却技术不断地被改进，一直到80年代末，研究者们认为他们已经达到了可能达到的最低温度——这是根据多普勒冷却理论计算得到的——对于钠原子而言这一温度极限是240微开。但是在1988年，一个由菲利普斯领导的小组偶然间发现在这之前三年发展出来的一项技术可以突破多普勒极限。他们用三束相互垂直的激光束对来冷却钠原子，而且激光频率和其他实验室中使用的激光频率略有不同。他们发现，使用几项新的温度测量技术得到的结果显示钠原子的温度只有43微开。理论物理学家马上从理论上对这一出乎意料的冷却机制给予了解释，这一解释考虑了更多的原子态以及激光的极化效应；相比之下之前的冷却模型就非常简单化了。

在新理论的指导下，实验物理学家们获得了更低的温度并发展出了更多的冷却技术。菲利普斯的亚多普勒冷却技术（Sub-Doppler Cooling）是1995年制备出玻色—爱因斯坦凝聚——在这种新的凝聚态中，气态原子全部处于可能的最低能量状态上——的前奏。

原子钟技术同样从这一技术中受益。最新一代的原子钟使用的技术就直接脱胎于菲利普斯及其他人于20世纪80年代发展出来的技术。菲利普斯因为发展激光冷却技术而分享了1997年的诺贝尔奖；2001年的诺贝尔奖则授予首次实现玻色—爱因斯坦凝聚的物理学家。

多普勒效应

多普勒效应是为纪念奥地利物理学家及数学家克里斯琴·约翰·多普勒而命名的，他于1842年首先提出了这一理论。

多普勒效应指出：物体辐射的波长因为波源和观测者的相对运动而产生变化。在运动的波源前面，波被压缩，波长变得较短，频率变得较高；当运动在波源后面时，会产生相反的效应。波长变得较长，频率变得较低。波源的速度越高，所产生的效应越大。根据波红（蓝）移的程度，可以计算出波源循着观测方向运动的速度。

热核聚变与人造太阳

什么是人造太阳

所谓"人造太阳"，即先进超导托卡马克实验装置，也即国际热核聚变实验堆计划（ITER）建设工程，是当今世界迄今为止最大的热核聚变实验项目，旨在地球上模拟太阳的核聚变，利用热核聚变为人类提供源源不断的清洁能源。核聚变能以氘氚为燃料，具有安全、洁净、资源无限三大优点，是最终解决全人类能源问题的战略新能源。

多年来的热核聚变研究一直围绕着一个主题，就是要实现可控的核聚变反应，造出一个人造太阳，一劳永逸地解决人类的能源之需。

万物生长靠太阳，人类生存自然也离不开太阳。我们生火煮饭的柴草来自太阳，水力发电来自太阳，汽车里燃烧的汽油来自太阳……太阳像所有的恒星一样进行着简单的热核聚变，向外无休止地辐射着能量。

我们现今所使用的能源，有些直接来自太阳，有些是太阳能转化的能源，像水能、风能、生物能，有些是早期由太阳能转化来的一直储存在地球上的能源，像煤炭、石油这样的化石燃料。人类社会发展到今天，仅靠太阳给予的可用能源已经不够用了。人类能源消耗快速增加，水能的开发几近到达极限，风能、太阳能无法形成规模。我们今天使用的主要能源是化石燃料，再有100多年即将用尽。人们还抱怨化石燃料对大气造成了污染，增加了温室气体。要知道它们是太阳和地球用了上亿年才形成的，但只够人类使用三四百年，而且它们是不可再生的。另外，煤炭、石油等是人类重要的自然资源，作为燃料烧掉是非常可惜的。人们无不担心，煤和石油烧完了，而其他能源又接替不上该怎么办？能源危机开始困扰着人类，促使人们寻找各种可能的未来能源，以维持人类社会的持续发展。

细心的人会发现，在元素周期表中，虽然元素是由质子和中子成对增加依次构成的，但是原子的重量却不是按质子和中子的增加而等量增加的。在较轻的原子中，质子和中子的重量偏重，如果两个轻的原子合成一个重原子，两个轻原子的原子量之和往往重于合成的重原子。同样，在较重的原子中，质子和中子的重量也偏重，一个重原子分裂为两个轻原子，重原子的原子量一般重于两个轻原子之和。只是在铁元素附近的原子中，质子和中子的重量偏轻。由此可见，在原子核反应中，质量是不守恒的，即出现了所谓的质量亏损。这些质量到哪里去了呢？按照爱因斯坦的质能关系公式 $E=mc^2$，亏损的质量转换为能量，由于 c^2 是个巨大的系数，很小的质量就可释放出巨大的能量。科学家正是基于这一点，利用重金属的核裂变制造出了原子弹，利用轻元素的核聚变制造出了氢弹。

原子弹和氢弹的巨大威力令人惧怕，同时也让人们兴奋，因为原子中蕴藏的能量太大了，能否利用这种能源是人们自然想到的问题。原子弹和氢弹中的巨大能量是在瞬间释放出来的，而要作为常规能源使用，就必须实现可控制的核裂变和核聚变。对于核裂变来说，控制起来相对比较容易，裂变核电站早已经实现商业运行。但能用来产生核裂变的铀235等重金属元素在地球上含量稀少，而且常规裂变反应堆会产生长寿命的放射性较强的核废料，这些因素限制了裂变能的发展。

对人们来说，最具诱惑力的自然是核聚变，它的单位质量产生的能量比核裂变还要大几倍。实际上，宇宙中最常见的就是氢元素的聚变反应，所有的恒星几乎都在燃烧着氢，因为氢是宇宙中最丰富的元素。氢的聚变反映在太阳上（还有少量其他核聚变）已经持续了近50亿年，至少还可以再燃烧50亿年。氢在地球上也是非常丰富的，每个水分子中都有2个氢原子，但最容易实现的聚变反应是氢的同位素——氘与氚的聚变（氢弹就是这种形式的聚变）。氘和氚发生聚变后，2个原子核结合成1个氦原子核，并放出1个中子和17.6兆电子伏特能量。就氘来说，它是海水中重水（水分子为 H_2O，重水为 D_2O，只占海水中的一小部分）的组成元素，海水中大约每6500个氢原子中有1个氘原子。每升水约含30毫克氘（产生的聚变能量相当于300升汽油），其储量就多达40万亿吨。一座1000兆瓦的核聚变电站，每年耗氘量只需304千克，海水中的氘足够人类使用上百亿年，这就比太阳的寿命还要长了，更不要说再使用氢了。另外，除氚具有放射性危险之外，氘-氚聚变反应不产生长寿命的强放射性核废料，其少量放射性废料也很快失去放射性。氘—氘反应没有任何放射性。可以说氢及其同位素的聚变反应能是一种高效清洁的能源，而且真正是用之不竭。既然恒星上都在进行着这样的核聚变，地球上也不缺这种核聚变的原料，只要实现可控的核聚变，就可以造出一个供人们永久使用的"太阳"。实际上，自从人们揭开太阳燃烧的秘密以来，就一直希望模仿太阳在地球上实现核聚变从而为人类提供无尽的能源。尽管多年过去了，人们只见到了氢弹的爆炸，而没有看到一座核聚变发电站的出现，但它诱人的前景依然是人们心中一个割舍不去的梦。

中国的人造太阳

中国科学家率先建成了世界上第一个全超导核聚变"人造太阳"实验装置，模拟太阳产生能量。

该装置从内到外一共有五层部件构成，最内层的环行磁容器像一个巨大的游泳圈，进入实验状态后，"游泳圈"内部将达到上亿度的高温，这也正是模拟太阳核聚变反应的关键部位。国家"九五"大科学工程EAST（先进超导托卡马克实验装置）建设项目总负责人万元熙解释说，在高压高温下面，太阳从里面到表面都在发生聚变反应，释放出大量能量。但是太阳上的聚变反应是不可控的，为了让这种能量释放过程变成一个稳定、持续并且可控制的过程，EAST正是起着这一转化作用，通过磁力线的作用，氢的同位素等离子体被约束在这个"游泳圈"中运行，发生高密度的碰撞，也就是聚变反应。从1升海水中提取的氢的同位素，实现完全的聚变反应，放出来的能量等同于燃烧300升的汽油所获得的能量。

制造一个装置实现受控热核聚变反应，可以得到无穷尽的清洁能源，就相当于人类为自己制造一个或数个小太阳，源源不断地从核聚变中得到能量。

"人造太阳"彻底改变世界能源格局

根据"可控热核聚变"原理研发的"人造太阳"将带来人类能源供应格局的根本性变革。一旦这一成果投入商业运行，将彻底变革世界能源供应格局。

中科院等离子体物理研究所于1994年底在合肥建成中国第一个超导托卡马克HT-7装置，在该装置的基础上，研究所研制了"EAST"实验装置，被称为世界上第一个全超导核聚变"人造太阳"实验装置。

2005年4月27日，EAST总装完成了难度最大的工作——三环套装。三环从里到外的顺序为真空室、内冷屏和纵场磁体，是整个装置的内三层。

2006年1月10日，EAST外杜瓦安装成功，这标志着EAST总装第一阶段的全面竣工，为EAST降温通电实验创造了良好的条件。

外真空杜瓦是EAST装置最外层的结构部件。它主要为真空室等内部部件提供真空工作环境，隔绝内部部件与环境的自由热交换，以实现对运行温度的控制，从而满足总体设计要求。

根据核聚变发生的机理，要实现可控制的核聚变实际上比造个太阳要难多了。我们知道，所有原子核都带正电，两个原子核要聚到一起，必须克服静电斥力。两个核之间靠得越近，静电产生的斥力就越大，只有当它们之间互相接近的距离达到大约万亿分之三毫米时，核力（强作用力）才会伸出强有力的手，把它们拉到一起，从而放出巨大的能量。要使它们联起手来并不难，难的是既要让它们有拉手的机会又不能让它们过于频繁地拉手。要使它们有机会拉手，就要使粒子间有足够的高速碰撞的机会，这可以增加原子核的密度和运动速度。但增加原子核的密度是有限制的，否则一旦反应加速，自身放出的能量会使反应瞬间爆发。据计算，在维持一定的密度下，粒子的温度要达到1亿~2亿摄氏度才行，这要比太阳上的温度（中心温度1500万℃，表面也有6000℃）还要高许多。但这样高的温度拿什么容器来装它们呢？

这个问题并没有难倒科学家，20世纪50年代初，前苏联科学家塔姆和萨哈罗夫提出磁约束的概念。前苏联库尔恰托夫原子能研究所的阿奇莫维奇按照这样的思路，不断进行研究和改进，于1954年建成了第一个磁约束装置。他将这一形如面包圈的环形容器命名为托卡马克（tokamak）。托卡马克是"磁线圈圆环室"的俄文缩写，又称环流器。这是一个由封闭磁场组成的"容器"，像一个中空的面包圈，可用来约束电离了的等离子体。我们知道，一般物质到达10万℃时，原子中的电子就脱离了原子核的束缚，形成等离子体。等离子体是由带正电的原子核和带负电的电子组成的气体，整体是电中性的。

热能与热学的应用

在磁场中，它们的每个粒子都是显电性的，带电粒子会沿磁力线做螺旋式运动，所以等离子体就这样被约束在这种环形的磁场中。这种环形的磁场又叫磁瓶或磁笼，看不见，摸不着，也不接触有形的物体，因而也就不怕什么高温了，它可以把炙热的等离子体托举在空中。人们本来设想，有了"面包炉"，只需把氘、氚放入炉内加火烤制，把握好火候，能量就应该流出来。其实不然，人们接着遇到的麻烦是，在加热等离子体的过程中能量耗散严重，温度越高，耗散越大。一方面，高温下粒子的碰撞使等离子体的粒子会一步一步地横越磁力线，携带能量逃逸；另一方面，高温下的电磁辐射也要带走能量。这样，要想把氘、氚等离子体加热到所需的温度，不是件容易的事。另外，磁场和等离子体之间的边界会逐渐模糊，等离子体会从磁笼里钻出去，而且当约束等离子体的磁场一旦出现变形，就会变得极不稳定，造成磁笼断开或等离子体碰到聚变反应室的内壁上。

托卡马克中等离子体的束缚是靠纵场（环向场）线圈，产生环向磁场，约束等离子体，极向场控制等离子体的位置和形状，中心螺管也产生垂直场，形成环向高电压，激发等离子体，同时加热等离子体，也起到控制等离子体的作用。

几十年来，人们一直在研究和改进磁场的形态和性质，以达到长时间的等离子体的稳定约束；还要解决等离子体的加热方法和手段，以达到聚变所要求的温度；在此基础上，还要解决维持运转所耗费的能量大于输出能量的问题。每一次等离子体放电时间的延长，人们都为之兴奋；每一次温度的提高，人们都为之欢呼；每一次输出能量的提高，都意味着我们离聚变能的应用更近了一步。尽管取得了很大进步，但障碍还是没有克服。到目前为止，托卡马克装置都是脉冲式的，等离子体约束时间很短，大多以毫秒计算，个别可达到分钟级，还没有一台托卡马克装置实现长时间的稳态运行，而且在能量输出上也没有做到不赔本运转。

为了维持强大的约束磁场，电流的强度非常大，时间长了，线圈就要发热。从这个角度来说，常规托卡马克装置不可能长时间运转。为了解决这个问题，人们把最新的超导技术引入到托卡马克装置中，也许这是解决托卡马克稳态运转的有效手段之一。目前，法国、英国、俄罗斯和中国共有4个超导的托卡马克装置在运行，它们都只有纵向场线圈采用超导技术，属于部分超导。其中法国的超导托卡马克 Tore-Supra 体积较大，它是世界上第一个真正实现高参数准稳态运行的装置，在放电时间长达 120 秒的条件下，等离子体温度为 2000 万℃，中心粒子密度每立方米 $1.5×10^{19}$ 个。中国和韩国正在建造全超导的托卡马克装置，目标是实现托卡马克更长时间的稳态运行。

多年来，全世界共建造了上百个托卡马克装置，在改善磁场约束和等离子体加热上下足了工夫。人们对约束磁场研究有了重大进展，通过改变约束磁场的分布和位形，解决了等离子体粒子的侧向漂移问题。世界范围内掀起了托卡马克的研究热潮。美国 1982 年在普林斯顿大学建成的托卡马克聚变实验反应堆（TFTR），欧洲 1983 年 6 月在英国建成更大装置的欧洲联合环（JET），1985 年建成 JT-60，前苏联 1982 年建成超导磁体的 T-15，它们后来在磁约束聚变研究中作出了决定性的贡献。特别是欧洲的 JET 已经实现了氘—氚的聚变反应。1991 年 11 月，JET 将含有 14% 的氚和 86% 的氘混合燃料加热到了 3 亿摄氏度，聚变能量约束时间达 2 秒。反应持续 1 分钟，产生了 10^{18} 个聚变反应中子，聚变反应输出功率约 1.8 兆瓦。1997 年 9 月 22 日创造了核聚变输出功率 12.9 兆瓦的新纪录。这一输出功率已达到当时输入功率的 60%。不久输出功率又提高到 16.1 兆瓦。在托卡马克上最高输出与输入功率比已达 1.25。

中国的核聚变研究也有较快的发展，西南物理研究院 1984 年建成中国环流器一号（HL-1），1995 年建成中国环流器新一号。中国科学院等离子体物理研究所 1995 年建成超导装置 HT-7。HT-7 是前苏联无偿赠送给中国的一套纵向超导的托卡马克实验装置，经等离子体物理研究所的不断改进，它已成为一个庞大的实验系统。它包括 HT-7 超导托卡马克装置本体、大型超高真空系统、大型计算机控制和数据采集处理系统、大型高功率脉冲电源及其回路系统、全国规模最大的低温氦制冷系统、兆瓦级低杂波电流驱动和射频波加热系统以及数十种复杂的诊断测量系统。在十几次实验中，取得若干具有国际影响的重大科研成果。特别是在 2003 年 3 月 31 日，实验取得了重大突破，获得超过 1 分钟的等离子体放电，这是继法国之后第二个能产生分钟量级高温等离子体放电的托卡马克装置。在 HT-7 的基础上，等离子体物理研究所研制和设计了全超导托卡马克装置 HT-7U（后来名字更改为 EAST（Experimental Advanced Superconducting Tokamak））。

有趣的热学小实验
YOUQUDE REXUE XIAOSHIYAN

　　现代科学的发展与实验科学的建立是分不开的。实验是强化观察对象，研究自然规律的重要手段，而且具有可重复性。正因为如此，实验就成了现代科学研究必不可少的手段之一。

　　广大青少年朋友学习热学自然也要做一些有趣的小实验。自己动手做一些有趣的小实验，不但可以提高大家的动手能力，观察能力以及独立思考和创新能力，更可以让大家在实验中验证已经学习过的一些科学知识，强化记忆，并学会灵活运用。

　　为了实现这一目的，我们设计了一些可以用身边随处可见的一些材料来完成的热学小实验，让广大青少年朋友自己动手，到热学知识的海洋中遨游、探索……

会跳舞的水滴

　　冬天守在炉子旁边烤火是一件十分惬意的事，炉子上的水壶吱吱地响着，一会儿水开了，水滴掉在灼热的炉盘上，便飞快地跳起舞来，水滴一面旋转着一面跳着，就像是有了生命一样。

　　这种有趣的现象只有在炉盘烧得很热，有些发红的时候，才可能看到。如果炉盘是温热的，一滴水掉在上面就会迅速地蒸发干，消失得毫无踪迹。如果你是一个爱动脑筋的人就会立即画上一个大问号，为什么水滴在更热的炉盘上消失得比温热的炉盘上要慢呢？按说炉盘越热，蒸发得越快！

是不是实验做得有误？你可以反复地进行几次，把同一铁盘烧成不同的温度，滴上同样温度的水，你总会看到水滴在烧得很热的炉盘上舞蹈，有时会持续3～4分钟。科学家对这种现象也感到十分奇怪，他们用高速摄影机拍摄下水滴舞蹈时的各种姿态，最后发现了水滴跳舞的秘密。原来，当水滴碰着灼热的铁板的时候，它的下部分立即汽化，于是在水滴和铁板之间形成了一层蒸汽层，使水滴不能直接挨着铁板，铁板的热是通过蒸汽传到水滴上，反倒慢了。通过蒸汽加热，使水滴全部变成水蒸气，要用3～4分钟的时间，在此期间水滴得到水蒸气的保护，因此能在铁板上跳动，而掉在温热的铁板上的水滴，由于没有蒸汽的保护直接和热铁板接触，反倒蒸发得快，一会儿就消失了。

烧不坏的纸杯

看了这个题目，你一定会十分疑惑。笑话，纸杯怎么可能烧水呢？真是无稽之谈！那么就让我们来表演一次吧！

首先我们要准备一个小的铁架、一杯水、一个纸杯和一根蜡烛。把水倒进纸杯里，将纸杯放在铁架子上，然后再把蜡烛点燃，放在铁架子的下面（注意：这里火苗要与杯底保持5毫米的距离），然后，我们就在这里静观其变吧！1分钟过去了，纸杯没发生什么变化，火苗也在那里静静地燃烧着；又过去了5分钟，纸杯还是什么变化也没有，就是上面冒了一些"烟"，你可别以为是杯子着火了，而是水热了，冒了些热气；接着又过去5分钟，纸杯依然安如磐石，但是水却沸腾起来了。"咕噜，咕噜……"水在杯子里翻腾起来！水开了，而纸杯却安然无恙。为什么纸杯能耐高温呢？

原来杯子里的凉水可以给杯子降温。在火苗烘烤时，热气全都输给了水，水把热气吸收了，纸杯达不到着火点所以火烧不着杯子。

有趣的热学小实验

瞬息结冰的水

常言道："冰冻三尺，非一日之寒。"这话是有一定的科学道理的。可是，在化学的小天地里，就有办法来打破这个常规，使"水"瞬间结冰。下面我们做个小实验来加以证明。

在一支盛满"清水"的大试管中放入一粒砂子般的晶体，一眨眼的工夫，整个试管里的"水"就结成了晶莹的冰块，倒也倒不出来。原来，试管里的水，是事先经过特别处理的水，即用水和十水硫酸钠按1∶1.5的比例配好，加热后，使十水硫酸钠完全溶解于水。放入试管里的砂子般的晶体是硫酸钠。当试管里的"水"冷却后，放入一粒硫酸钠，试管里的溶液就会以这颗晶粒下沉所经过的路径为中心，向四周迅速结晶，很快全部凝结成冰状。

为什么在盛着"清水"的试管内放入晶粒之前，硫酸钠的水溶液总不会结成"冰"呢？那是硫酸钠分散在溶液里，形成所谓的"过饱和溶液"。过量的硫酸钠溶液里没有晶种，硫酸钠就像没有根底的浮萍一样，只能到处漂浮，而不会成晶体析出。

过饱和溶液

过饱和状态分为溶液过饱和状态和蒸汽过饱和状态两种。溶液过饱和状态是指在一定温度、压力条件下，当溶液中溶质的浓度已超过该温度、压力下溶质的溶解度，而溶质仍不析出的现象叫过饱和现象，此时的溶液称为过饱和溶液。过饱和溶液能存在的原因，是由于溶质不容易在溶液中形成结晶中心即晶核。

不会沸腾的水

将一只盛水的小烧杯放在盛水的大烧杯中，然后用酒精灯加热大杯里的水，过一会儿，大杯里的水烧开沸腾了。但奇怪的是，小杯里的水并不沸腾，无论加热多长时间都烧不开。用温度计量一下，大小杯里的水温相同。

沸腾是液体的一种汽化现象。液体汽化的时候，要吸收热量。大杯子放在火源上，里面的水可以不断得到热量，不断沸腾。而小杯放在水中，只能从水中得到热量，即大杯中水的温度升高，小杯中水的温度也升高。当大杯中水温升高到100℃时，小杯中水温也升到100℃，但大杯中水温升高到100℃时就沸腾了，它得到的热量都用来汽化了，水温不再升高，这样一来，大小杯之间不再发生热交换，小杯里的水不能再从大杯里吸收热量，就不会沸腾。

对流的空气

这里介绍一个简单的实验，目的是让你观察空气怎样对流。在一间有暖气或生了火炉的房间里，热空气总要向上升起，并寻找逃跑的地方。与此同时，冷空气从低处进入房内，以填充由于上升的热空气所造成的低压区。将门打开10多厘米。在微开着的门的上方举起一支点燃的蜡烛。火焰的方向会表明，有一股气流正从房内流出来。接着，将蜡烛拿到门开处尽可能低的地方。小心地将画好的大圆从纸上剪下来，然后在圆纸盘上画16条或18条等分线。从大圆边沿等分线向内剪断纸板，但将每根线剪到小圆边时就停剪。要使剪好的纸板成为涡轮，你还须将剪断的每个纸片朝着同一方向轻微扭转。仔细扭好纸片后，将一根针的大头插入软木内，并使"气动螺旋桨"在针尖上平衡起来。先试转一下小涡轮，看看是否转动灵活。随后便可以将已做好的"仪器"放在热源的上方，比如放在炉子或者点燃的灯上。由于热空气上升，接触到气动螺旋桨的叶片，便使得涡轮旋转。热量越大，涡轮旋转越快。方向表明，有一股冷气流正在流入房中。最后，将蜡烛放到门缝正中再试一下，等你耐心地看到火焰在这些地方的某一点上燃烧稳定时，这就表明此处不存在气流。

被拔高的水位

在洗脸盆里盛一点水，拿一只玻璃杯倒扣在水里，杯内杯外的水面分不出高低,都一样平。现在,采用两个简单办法,就可以使杯内的水面拔高一截。

拿一块蘸过热水的毛巾,裹在玻璃杯上,过一会儿,就会看到有气泡溢出水面,等气泡不再外溢,把热毛巾拿走。过一会儿,杯内的水面就会上升,也就是被拔高了。还有一个办法,夹着一小团棉花,蘸一点酒精,并

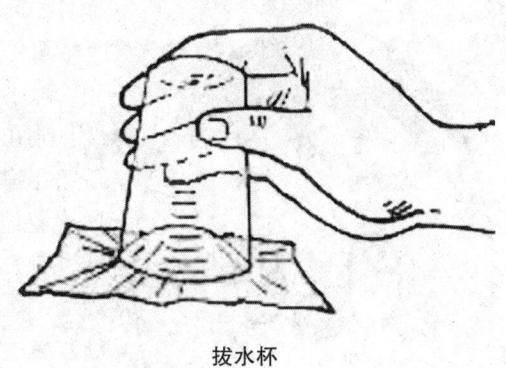

拔水杯

点燃,用另一只手倒拿玻璃杯,用点燃的棉球,烘一烘杯内的空气,再迅速地把杯子倒扣在清水里,杯内的水面也会拔高。

这是什么道理?原因如下:这两种办法都是先把玻璃杯内的空气加热,使杯内空气膨胀密度变小。这时杯子扣在水中,等到杯子冷却以后,杯内空气的温度降低,杯内空气的压强减小,在杯外大气压强的作用下,杯内的水就要升高。

气体压强与密度

空气受到重力作用,而且空气具有流动性,因此空气内部向各个方向都有压强,称为大气压强。大气压强与温度、密度、海拔高度等密切相关。

温度越高,空气分子运动的越强烈,压强越大;密度越大,表示单位体积内空气质量越大,压强越大;海拔高度越高,空气越稀薄,大气压强就越小。

啤酒瓶的妙用

对一个瓶口破损的啤酒瓶,人们往往一扔了之。其实,只要稍加切割就可以把它做成一个啤酒杯或一只烟灰缸。玻璃啤酒瓶也能切割吗?当然可以,

而且还挺简单的。

鸡蛋壳上的画

取一只大脸盆，盛满水后放在一边备用。取一条长 60 厘米扎鞋底用的粗棉纱线，放在酒精或煤油中浸一会儿。取出后，在啤酒瓶外壁离瓶底 12～14 厘米处，紧挨着绕上两圈，把线抽紧后打一个死结，剪去多余的线头。擦燃火柴，点着棉纱线。在线快烧断时，迅速把直立着的啤酒瓶横放到脸盆里的冷水中，一手握在瓶底附近，一手抓住瓶颈。两手同时用力向外一掰，只听"啪"的一声，啤酒瓶便在绕线处断开了。用砂轮或直接在水泥地上磨平断裂处的锋口，用清水洗净，一只啤酒杯便做成了。如果把线绕在离瓶底约 3 厘米处，就可得到一个袖珍玻璃花盆了，盛一点清水，放进几块鹅卵石，种上一枝水仙花，放在书桌上，别有一番情趣。

顺便再向你介绍一种更简单、有趣的在鸡蛋壳上刻花的方法。取一只生鸡蛋，点燃一支 6～8 厘米长的蜡烛。蜡烛燃烧时，在"灯芯"周围淌着融化了的蜡烛油。将鸡蛋凑近灯芯，用一根一端削尖了的木棍蘸点烛油，迅速涂到蛋壳上，再蘸一点，涂一点……用烛油在蛋壳上画出你想画的图案，或写出你想写的字。然后，把这个鸡蛋浸没在醋里。放一天以后取出，用清水冲洗干净，你会惊奇地发现，原来用烛油画成的图案现在看来就像是用刀在鸡蛋上刻成的一样，令人叫绝。

怪脾气的玻璃纸

取一段长约 12 毫米、宽约 5 毫米的硬纸片，距离一端 15 毫米处扎一枚大头针，使大头针在针孔内滑动几次，再钉在墙上，另一端剪成尖形，做指针。再在硬纸片尾部垂直贴一条长 50～60 毫米、宽约 3 毫米的糖果玻璃纸，使指针水平放置，拉紧玻璃纸，用大头针钉在墙上。

这时候，对着玻璃纸哈热气，指针就会慢慢地下垂，玻璃纸明显地伸长了；划根火柴烘烤玻璃纸，指针又开始慢慢地上翘，玻璃纸明显地缩短了。同样是加热，为什么一会儿伸长，一会儿缩短呢？原来玻璃纸有湿涨干缩性。第一次哈热气是潮湿的，第二次用火烘烤是干燥的，所以出现了两种截然不同的效果。

湿胀干缩效应

自然界中普遍存在湿胀干缩的现象，即物体潮湿的时候体积增大，干燥之后的体积则减小，人们称之为"湿胀干缩效应"。如，当木材由潮湿状态干燥到纤维饱和点时，尺寸不变；继续干燥时，吸附水开始蒸发，木材就会发生体积收缩。和木材一样，具有这种湿胀干缩特性的物质还有很多，如纸张、衣服、混凝土等。

分层的火焰

让我们点一根蜡烛，仔细观察一下吧。

你首先看到的是蜡烛火焰的美丽的色彩：烛芯上方有一圈黑色锥形区，叫烛芯区；它的外面是明亮的黄色区域，叫发光区，大部分烛光都是从这个区域发出来的；在黄色区域的外围，还有一层蓝色的区域，叫做反应区。

这三种不同颜色的区域，

奇妙的火焰

温度并不相同。我们可以做个小实验来了解一下：

把一张纸垂直插到火焰中去，不等纸烧着就赶快抽出来。这时，你会发现纸的烧焦程度是不相同的。根据纸的烧焦程度，可以知道：蓝色区的温度最高，其次是黄色区，黑色区的温度最低。

科学家曾用仪器细心地测量过这三个区域的温度，它们分别是1400℃、1100℃和800℃。

下面，让我们进一步来研究这三个区域的一些特点：

把烛焰移到强烈的阳光下或强电灯光下，仔细地观察烛焰的投影。你将发现区域明暗分明，投影最暗的是黄色发光区，其次是黑色的烛芯区，最亮的是蓝色反应区。

你再拿一根细玻璃管，把它的一端分别插到这三个区域中，看一看从玻璃管的另一端流出了什么东西。你将会看到，从烛芯区流出来的透明的气体，冷却后变成了烛蜡。这说明，在烛芯区虽然有丰富的燃料，但是由于没有足够的氧气，所以无法充分燃烧。从发光区流出来的是黑烟，说明这里的燃烧也不很充分。反应区的情况就不同了，这里的燃烧最充分，所以流出来的是气体，很少有固体夹带物。

燃烧的条件

燃烧需要三个基本条件：（1）要有可燃物，如木材、天然气、石油等；（2）要有助燃物质，如氧气、氯酸钾等氧化剂；（3）要有一定温度，即能引起可燃物质燃烧的热能（点火源）。可燃物、氧化剂和点火源，称为燃烧三要素，当这三个要素同时具备并相互作用时就会产生燃烧。

奇特的瓶中喷泉

找一个有胶塞的盐水瓶、一个敞口茶杯、一支圆珠笔。

先拔掉圆珠笔铜头，用大头针去掉小圆珠，用清洗剂清洗干净铜头与塑

有趣的热学小实验

料杆内壁，然后将铜头依旧插在塑料笔杆上。取下盐水瓶的胶塞，用锥子在塞中心钻一个小孔，再把圆珠笔铜头向着瓶内插入塞中。注意小孔要小，当圆珠笔插入后会紧紧箍在笔杆周围而不漏气。

敞口杯中倒入半杯清水，在清水中加一滴红墨水摇匀待用。

在盐水瓶中倒入半瓶开水，摇一摇，使整个瓶子加热。倒出瓶中开水，迅速将胶塞盖紧，把盐水瓶竖直放在敞口杯上，塑料笔杆头没入红色水中。少许，一股红色的喷泉在瓶内由笔头喷射出来，直喷至最上端（瓶底），煞是好看！

这个实验的原理是：当用开水倒入瓶口摇荡后，瓶子受热，使里面的空气受热。受热的空气膨胀，密度减小，必有一部分跑出瓶外。用胶塞封住瓶口后，瓶内气体密度小，随着温度的降低压强减小。出现瓶内压强低、瓶外压强高的现象，当把塑料笔杆插入水中后，大气压强会把杯口的水压入瓶中，形成奇特的瓶中喷泉。

旋转的纸片

找一张薄纸剪成长方形，沿长度与宽度方向各对折一次，用一只缝衣针（或大头针）顶在对折线的交叉点上。把针竖直插在桌上，纸片略有微风就可以转动起来。

关好门窗，小纸片可能停止转动，这时，把你的手掌伸开，手心向着纸片放在桌上，奇怪，小纸片又慢慢转动起来了！可是当你把手拿开，小纸片又会停止转动。

还有更奇怪的：把针插在火柴盒上，纸片依旧顶在针上，再将火柴盒放在你的头顶上——小纸片又会由慢到快转动起来。

这个谜一般的旋转现象，在18世纪70年代，曾经使不少人认为人体有某种超自然的能力。但是事实上这个实验的原理很简单：手放在纸片附近时，下部的空气被你的手掌温暖了就向上升。上升的空气碰到纸片，纸片就会旋转起来。当小纸片处于头顶上时，头顶也有上升的温暖空气，所以纸片也会旋转。

只要人体的温度比周围空气温度略高一点，人体就会向周围散热。

脱去空气的"隐身衣"

我们打开一个盒子,看见里面没有什么东西,就说盒子里是空的,我们把一杯水喝光了,也说杯子是空的,其实,这样说并不准确,盒子里和杯子里都充满了空气。

有没有办法看到空气呢?

先说一个简单的方法:将一个玻璃缸或一个水盆装上水,然后把一个杯子杯口朝下按在水里,可以看到,只有少量的水能进到水杯里,是什么东西不让水再进去了呢?是空气!空气占据了杯子里的空间,所以我们"看"到了空气。

春天来了,暖暖的太阳照在原野上,照在屋檐上,你看到了什么?如果你是一个细心人,你会看到田野上、屋檐上似乎有淡淡的影子,袅袅地上升,这是什么?这就是热空气的影子,也就是说你看到了空气的影子。

晚上,在桌子上放一支点燃的蜡烛,让它们距墙60多厘米远,然后把屋里的灯关掉,站在离墙1~2米远的地方,打开一个手电筒,使它的光穿过烛光照在墙上。在蜡烛阴影的上方有一个淡淡的影子不断地摇动,这就是蜡烛上方热空气的影子。

空气是如何脱去了它的"隐身衣"的?原来是因为"热"。在热空气和冷空气同时存在的时候,由于热空气和冷空气的密度不同,所以,光在热空气中和冷空气中的传播速度不同,在热空气中稍快一点。对于光来说,冷、热空气就是两种不同的透明物质。光线行走到它们的交界面上,会发生折射,这和光在空气和玻璃的交界面上的折射类似,玻璃虽然透明,但是在阳光下有影子。上述的实验中,从手电筒中射出的光,由于一部分光受到烛光上方热空气的折射,就再也不笔直地前进,而折向其他的方向,射到墙上的光有的地方多,有的地方少,就会出现一些淡淡的影子。

看见空气的影子有什么用处呢?

原来,汽车、飞机、火箭、子弹等都在空气里运动,它们搅动着空气,形成旋涡,这些旋涡会影响它们的运动,但是这些旋涡看不见,如果能看见这些旋涡,我们就知道如何改进这些运动体的形状,以减少空气的阻力。而利用上述类似的方法就能看见空气的阴影,科学家也正是这样做的,他们从这淡淡的影子里看到了许多东西。

有趣的热学小实验

排除"异己"的冰

用牛奶和糖做冰淇淋，把它们调和好以后，放入冰箱里冻 1～2 个小时。实验的结果会怎样呢？

也许你以为会有一盆松软可口的冰淇淋来款待大家，可是摆在面前的是既不像冰淇淋也不像冰棍的东西，表面是白生生的冰渣，下面的牛奶还没冻好，一点也不像从街上买来的冰淇淋。

尝一尝上面的冰渣，什么味道？是淡的。这正是我们实验要得到的结论。

为什么上面的冰渣没有甜味呢？原来，水在结冰的时候，有排除"异己"的倾向。结冰的时候，水分子把糖和牛奶排挤出去了。真正的冰淇淋在生产过程中是不断搅拌的，如果你也不断搅拌，同样会做出可口的冰淇淋。当然，很低的温度也是一个条件。

你没去过南极，但是从这个实验中，你能想出南极冰块的味道吗？海水在结冰的时候，水里面的盐分也会被排

牛奶冰淇淋

挤，向温度高的地方移动。海水的温度高于冰山上的温度，所以在冻结时，冰中的盐分会向海水移动。地球的吸引力也是一个重要的因素，冰块里含的盐在重力的作用下会慢慢地向下移动。所以，南极的冰是淡的。

淡味冰不是一天形成的，而是经年累月，才能慢慢地把其中的盐排出去。一般一年的冰融成水后，就可以供人饮用，几年后的冰就几乎不含什么盐分了。

糖溶解的速度

找两颗同样的水果糖，两杯冷水。将一颗糖扔入一杯水中，它很快就会沉底；把另一颗糖用线绳拴住，吊在另一杯水中间。仔细观察，两颗糖哪个

溶化得快？吊在水中间的几分钟就化完了，而沉底的那个才化了一小部分。有趣的是，在吊糖的那个杯子里，下半杯浑浊的糖水和上半杯透明的清水，界线竟非常鲜明！

你还可以改变糖的高度继续做这个实验，你会发现，糖吊得越低，溶化速度越慢，糖吊得越高，溶化速度就越快。糖在水中的溶解，一靠扩散，二靠对流。冷水温度较低，扩散的作用不明显，所以沉入水底的糖不容易溶化。而吊在水中的糖，由于糖水比清水重，糖水下沉，清水上升，形成对流，糖的位置越高，水对流的范围越大，糖就越容易溶化。

有趣的防雾玻璃

取一片洁净干燥的玻璃片，在中间部位均匀地涂一薄层洗净剂，将涂有洗净剂的一面朝下，放在盛有开水的暖瓶口上方。过几秒钟后，拿起玻璃片一看，就会发现，没有涂洗净剂的部位布满小水珠，雾茫茫的；而涂有洗净剂的部位却没有小水珠，仍然是透明的。

水蒸气遇冷会在玻璃片上凝结成许多小水珠，这些小水珠在表面张力的作用下收缩成半球形或球形，使光线散射，所以看上去雾茫茫的。洗净剂能降低水的表面张力，使水蒸气不能凝结成小水珠，而紧贴玻璃形成一层均匀的水膜，所以看上去仍是透明的。

现在市场上出售的玻璃防雾剂，就是根据这一原理制成的。如果在镜片上涂这种防雾剂，冬天戴着眼镜去盛汤，镜片上就不会雾茫茫的了。

表面张力

表面张力是指气体或液体表面层由于分子引力不均衡而产生的沿表面作用于任一界线上的张力。通常，由于环境不同，处于界面的分子与处于相本体内的分子所受力是不同的。在水内部的一个水分子受到周围水分子的作用力的合力为0，但在表面的一个水分子却不如此。因上层空间气相分子对它的吸引力小于内部液相分子对它的吸引力，所以该分子所受合力不等于零，其合力方向垂直指向液体内部，结果导致液体表面具有自动缩小的趋势，这种收缩力称为表面张力。表面张力是物质的特性，其大小与温度和界面两相物质的性质有关。

神奇的水下火山

先找一个鱼缸，或深一点的玻璃杯，里面灌上冷水。

再找一个小瓶子，在瓶颈上拴一根绳，里面滴上几滴红墨水，然后再倒入一些温水。提着小绳把小瓶慢慢地放到装着冷水的大瓶子的底部，放的时候，一定不要搅动里面的水。

这时候，你会看到小瓶里的红墨水就像火山爆发的烟云一样，从小瓶里升起，达到水面后慢慢扩散开，从四周沉到水底。

这就是你亲眼目睹的液体中的对流现象。其实这种现象经常发生在每一个水碗里、烧水的水壶里，以及煮饭的饭锅里。

对流常常帮助我们做许多事情，但是有的时候也给我们带来一定的麻烦。

科学家在制造高质量的电子器件的时候，要在极纯净的硅中掺入适当的磷。但是科学家发现，无论怎样也不能把磷在硅中掺得很均匀，这可真伤透了脑筋。有一天，一位科学家在家里做饭，当他看着锅子里的热汤不停地翻滚的时候，忽然想到，这是由于对流现象造成的。

熔融的单晶硅就像沸汤在锅里翻腾一样，存在着激烈的对流现象，掺入的磷也跟着上下运动。这就是磷在硅中总也掺不均匀的原因。

在重力世界中，对流是不可能停止的，加热的时候，液体中的温度总是不均匀的，热的要上升，冷的下降来补充。对流永不停歇，所以只要有重力的地方，就会有对流。

如果要做到使磷在硅中掺得十分均匀，只有在没有对流的地方进行这种加工。但是，地球上是不存在这种条件的。科学家想到人造卫星，在人造卫星上没有重力。所以他们把一个自动生产电子器件的装置送到卫星上，果然在那里生产出了合格的高级电子器件，不过这种器件的价格比黄金的价格还要高十几倍。

灭火的方法

和火打交道，就必须有防火的知识，在发生火灾的时候，不要手忙脚乱，要及时灭火。

灭火就是燃烧的反方向，所以方法有两个：一个是隔绝空气，也就是让燃烧的物质得不到助燃的氧气；另一种方法是降低温度，使温度降低到燃点以下。

用水救火，是一举两得的办法，水能隔绝空气，也能降低温度。但是，水也不是万能的，遇到油或燃气着火，水就不好用，因为油和气都比水轻。这时候最好使用沙子，沙子可以隔绝空气。在没有充足的水源又没有沙子的时候，一床棉被常常是最好的灭火用具。你会说棉被本身是易燃物，为什么能救火呢？对于刚刚发生的火灾，用棉被盖上可以立即隔绝空气，上面再浇上水就更容易达到灭火的效果。

当然，有灭火器应把灭火器迅速地倒立过来，马上就会有强大的气流和泡沫从喷嘴里面喷出来。从里面喷出来的是二氧化碳，二氧化碳覆盖燃烧的物质上，就像一层棉被一样，使燃烧的物质与助燃的氧气隔开。燃烧得不到氧气，当然就会熄灭。

下面我们来做一个用二氧化碳灭火的实验：

在一只空玻璃杯中点燃一支蜡烛。在另一个玻璃杯里放上一勺苏打和一点醋，这样在杯子里就会产生气体。把杯子斜倒向着蜡烛，烛火就会渐渐熄灭。这是什么原因？

原来，苏打和醋在杯中发生了化学反应，产生了二氧化碳，二氧化碳比空气重，它不助燃，当它把空气中氧气和火焰隔离开的时候，火就熄灭了。

常用的一种泡沫灭火器就是按这种原理制成的。下面我们还可以自制一个小泡沫灭火器（这个实验最好在老师的指导下进行）。

先找一个大玻璃瓶，瓶子上要有一个瓶盖，最好用那种带盖的大墨水瓶。在盖子上开一个孔装上一个塑料管作为喷嘴。在大瓶里注入大半瓶小苏打（碳酸氢钠）溶液（约1000毫升水中加入80～90克小苏打），加入一点肥皂水或洗衣粉做增泡剂，再找一个小瓶子（例如注射青霉素用的），用绳子拴

有趣的热学小实验

住，在里面注入明矾溶液（约 100 毫升水里加入 20 克明矾）。然后用细绳吊在瓶口，一定不要让小瓶和大瓶中的溶液混在一起。检查一下，喷口一定要畅通，不能有东西堵住。否则就会因气体出不来发生爆炸。

在一个安全的地方，点燃一些小纸片。将大墨水瓶倒过来，使喷口对着火焰的上方。马上就会有大量的白色泡沫射到燃烧物上，将火熄灭。

真正的泡沫灭火器里也有类似的装置，所以使用这种灭火器的时候，要倒过来。要把喷口对准着火的地方。

现在，灭火器的种类很多，用法也不同，使用时要注意。

黏手的铁块

在严冬里，我们都有过这样的经验，就是不敢用裸露的手直接去摸铁器，因为，手会被铁器黏住，甚至能黏下一块皮来。这是为什么？为什么去摸木头就不会这样呢？

其原因是：铁是热的良导体，它能把手上的热迅速地传导出去，使手表面的温度下降，手的表面通常是潮湿有水汽的，水汽冻结在铁块上，也就把你的手冻在上面。而木头是热的不良导体，所以不会立即把你手上的热传导走。

铜、铝、铁等金属，都是热的良导体；非金属是热的不良导体，例如木头、塑料、玻璃等，用一个小实验就可以证明：

把钢勺、铝勺、瓷勺、塑料勺放在同一只玻璃杯中，在勺柄的同一高度上用动物油黏上一粒小豆子。现在你想一想，如果在杯子里倒入热水，哪一个勺柄上的豆子先掉下来。

实验的结果会告诉你：铝勺上的油融化得最快，豆子先掉下来。接着掉下来的是钢勺、瓷勺，而塑料勺上的豆子则会很长的时间都不掉下来。

如果你找不到那么多种勺子，也可以用铜丝、铝丝、铁丝、塑料条来代替。豆子也将按照这个顺序掉下来。

还有一个实验也十分有趣：用一块棉布裹上一枚硬币，绷紧一点，把一个点燃的香烟撅在绷着硬币的棉布上，直到香烟熄灭为止。然后打开看，棉布没有被烧坏，只留下一个烟斑。

原因是烟头的热量被热的良导体铝制的硬币导走，不能使棉布达到烧燃

的温度。当然,如果不立即撤灭烟头,慢慢在棉布旁边烧,棉布也会被烧坏的。

气垫"大力士"

找两只上口大、下底小的玻璃杯,叠放在一起。用手稍稍提起上面一只玻璃杯,对着两只杯子之间的缝隙吹气。这时候,上面一只玻璃杯会跃跃欲试跳出杯外,提着玻璃杯的那只手,必须用力握着才行。

如果将一枚曲别针放在两只玻璃杯之间,使它们中间留有缝隙,不用手提着,猛一吹气,上面一只玻璃杯"突"的一下,真会跳出下面的杯子哩!这是什么道理?要是在晚会上表演,一定会吸引不少人。表演时注意,别让跳出的杯子摔在地上,否则粉身碎骨。原来,当你对着两只玻璃杯之间的缝隙吹气时,气一下子放不出来,结果在玻璃杯之间形成一股压缩空气垫层,也就是气垫。持续吹气,气垫层加厚,就会把上面一只杯子给垫起来。如果不用手握着,最后势必被垫出杯外。